国家自然科学基金青年基金项目(51604095)
中国博士后科学基金项目(2018M630818) 资助

气液两相介质抑制管道瓦斯爆炸协同规律及机理研究

裴　蓓　陈立伟　李　杰　韦双明　著

中国矿业大学出版社

内 容 简 介

本书基于搭建的惰性气体-超细水雾惰化抑制管道瓦斯爆炸实验系统,通过对比研究单一抑爆剂和气液两相介质抑制 9.5%甲烷/空气预混气爆炸超压、火焰形态与结构、火焰传播速度和最大火焰温度等爆炸动态参数的演变规律,发现了惰性气体种类、稀释体积分数和超细水雾通入量影响气液两相介质抑爆的协同规律,获得了抑爆关键控制参数;结合理论分析和数值模拟,分析了惰性气体和超细水雾抑制瓦斯爆炸的相间耦合作用机制,揭示了气液两相介质抑制瓦斯爆炸的协同机理,为惰化细水雾抑爆技术的应用提供了科学支撑。

本书可供从事安全工程及相关专业的科研及工程技术人员参考使用。

图书在版编目(C I P)数据

气液两相介质抑制管道瓦斯爆炸协同规律及机理研究/
裴蓓等著. —徐州:中国矿业大学出版社,2018.8
ISBN 978 - 7 - 5646 - 4025 - 5

Ⅰ.①气… Ⅱ.①裴… Ⅲ.①瓦斯爆炸—研究
Ⅳ.①TD712

中国版本图书馆 CIP 数据核字(2018)第 142516 号

书　　名	气液两相介质抑制管道瓦斯爆炸协同规律及机理研究
著　　者	裴　蓓　陈立伟　李　杰　韦双明
责任编辑	王美柱
出版发行	中国矿业大学出版社有限责任公司
	(江苏省徐州市解放南路　邮编 221008)
营销热线	(0516)83885307　83884995
出版服务	(0516)83885767　83884920
网　　址	http://www.cumtp.com　E-mail:cumtpvip@cumtp.com
印　　刷	江苏淮阴新华印刷厂
开　　本	787×1092　1/16　印张 8.25　字数 211 千字
版次印次	2018 年 8 月第 1 版　2018 年 8 月第 1 次印刷
定　　价	30.00 元

(图书出现印装质量问题,本社负责调换)

前　言

煤炭是我国主体能源，随着煤矿开采深度和瓦斯抽采量的增加，瓦斯抽采管路日趋增长和复杂化，煤矿井下各类场所(如瓦斯抽采管道、工作面上隅角、掘进头、巷道等)潜在的诱发灾变因素也越来越多。由于煤矿巷道、抽采管路具有大长径比特点，极易因燃烧波、压力波的相互激励导致火焰加速，甚至形成爆轰瞬间破坏通风构筑物和抽采管网，致使有害气体扩散而诱发更远区域人员伤亡，造成矿井重大恶性事故。为此，研究清洁高效抑爆减灾技术迫在眉睫。

惰性气体和细水雾等都是常用的清洁型抑爆剂，然而惰性气体抑爆使用浓度高达28%以上，纯细水雾抑爆效果受到爆炸强度和水雾密度、粒径等因素影响，在使用过程中存在抑爆效果不稳定、质量浓度和水压要求高、水雾分布不均等问题，存在抑爆失败风险，故迫切需要提高抑爆的有效性和可靠性。针对清洁高效抑爆需求，本书采用了理论分析、实验测试和数值模拟等研究手段，搭建了惰性气体-超细水雾惰化抑制管道瓦斯爆炸实验系统，通过对比单一抑爆剂和气液两相介质抑制9.5%甲烷/空气预混气爆炸在超压、火焰形态与结构、火焰传播速度和最大火焰温度等爆炸动态参数的变化，分析了惰性气体种类、稀释体积分数和超细水雾通入量影响气液两相介质抑制瓦斯爆炸的协同作用规律，获得了抑爆关键控制参数；并结合理论分析和数值模拟，对惰性气体和超细水雾协同抑制瓦斯爆炸的相间耦合作用机制进行了探讨，揭示了气液两相介质抑制瓦斯爆炸的协同机理，为清洁、高效惰化细水雾抑爆技术的发展提供了科学支撑。

本书的研究得到了国家自然科学基金青年基金项目"气液两相介质抑制瓦斯爆炸协同机理研究(No.51604095)"、中国博士后科学基金项目"气液两相介质对瓦斯爆炸球型火焰自加速机制影响研究(No.2018M630818)"、河南省科技厅基础与前沿技术研究项目"气液两相介质对管道瓦斯爆炸衰减特性与惰化机理研究(No.152300410100)"、河南省科技攻关研究项目"水力冲孔—注气驱替强化瓦斯抽采技术研究(No.172102310570)"和河南省教育厅高等学校重点科研项目"惰性气体与细水雾抑制甲烷爆炸协同作用及机理研究(No.14A620001)"等项目的资助，在此表示感谢！

本书是在笔者博士论文基础上形成的，成书过程离不开笔者导师余明高教授的悉心指导与帮助。从师五载，从余老师那里学到的不仅仅有知识，还有他勤奋朴实的工作作风、孜孜不倦的拼搏精神、严谨求实的治学态度都使我深受教诲。在此，再次向余老师表示最诚挚的谢意！

笔者在撰写本书过程中虽然尽了最大努力，但受水平所限，书中仍可能有不当之处，敬请读者批评指正！

著　者

2018年5月于河南理工大学

目　录

1　绪　　论

1.1　研究的背景与意义

根据国家统计局《2015年国民经济和社会发展统计公报》显示:2015年我国煤炭消费量占能源消费总量的64.0%,水电、风电、核电、天然气等清洁能源消费量占能源消费总量的17.9%。尽管近年来煤炭在国家能源结构中的份额不断下降,然而我国能源资源的赋存条件决定了煤炭在今后很长时间内仍是我国主体能源之一[1]。目前我国95%的煤炭生产依靠井工开采,且多数矿井已进入深部开采阶段,煤层赋存及开采条件十分复杂,面临瓦斯、火、尘、冒顶和水等煤矿五大自然灾害的严重威胁[2]。经过多年的综合治理,我国煤矿事故致死人数呈逐年下降趋势,煤矿事故得到了有效控制。然而,通过对2001~2016年煤矿死亡人数进行统计发现,如图1-1所示,我国煤矿的瓦斯爆炸灾害仍然十分严重,瓦斯爆炸事故无论在起数,还是死亡人数上长期以来均占首位,是煤矿安全重点防范的对象。例如,2009年11月21日2时30分左右,黑龙江龙煤集团鹤岗分公司新兴煤矿发生瓦斯爆炸,共造成108人遇难;2013年3月29日21时56分,吉林省白山市八宝煤业公司发生瓦斯爆炸事故,造成36人遇难;2016年10月31日,重庆市永川区金山沟煤业有限责任公司瓦斯爆炸事故造成33人遇难等。这些瓦斯爆炸事故造成了重大人员伤亡和经济损失,引发政府和全社会的高度关注。

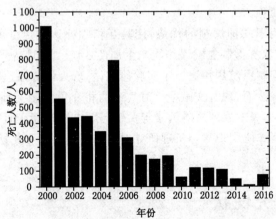

图 1-1　2000~2016年我国重特大瓦斯爆炸事故死亡人数统计

(注:统计截至2016年11月底,数据来源于国家安全生产监督管理总局网站)

同时,瓦斯又是一种优质、清洁型能源,若未经处理或回收直接排放到大气中,其温室效应约为二氧化碳的 21 倍,而合理利用瓦斯能有效避免严重的生态污染和资源浪费。据探测,我国煤层气资源量为 36.8 万亿 m^3,与陆上常规天然气资源量基本相当,居世界第三位,开发潜力巨大[3]。随着终端能源需求逐步向优质高效清洁能源的转化,我国对燃气的需求量迅速增长。国家能源局、环境保护部、工业和信息化部下发[2014]571 号《关于促进煤炭安全绿色开发和清洁高效利用的意见》,到 2020 年,我国煤层气产量 400 亿 m^3,其中:地面开发 200 亿 m^3,基本全部利用;井下抽采 200 亿 m^3,利用率 60% 以上。总之,开发利用煤层气,能有效弥补中国常规天然气供应量的不足,有利于煤矿安全生产、节能环保及优化能源结构,并可在一定程度上缓解中国能源安全的紧张形势[4]。

《煤矿安全规程》第一百八十四条规定:利用瓦斯的浓度不能低于 30%。然而,在我国已有的矿井瓦斯抽采量中,70% 以上浓度低于 30%,平均 26%,相当部分低于 16%,属于低浓度瓦斯抽采范围[5]。随瓦斯抽采量的增大,瓦斯抽采管路越来越长,管网越来越复杂,潜在的危险因素也越来越多,一旦诱发爆炸将导致抽采管网瓦斯泄漏扩散、火灾等二次灾害,引发重大安全事故。因此,开展可燃气体抑爆技术研究对瓦斯抽采和输送安全具有十分重要的现实意义。

目前常用的可燃气体爆炸抑制剂主要是单一抑爆剂,例如粉体抑爆、惰性气体抑爆和水系抑爆等,而且现有很多抑爆剂在实际应用中存在着一定弊端。例如有的抑爆粉体除了成本昂贵,还会带来对环境和工艺介质的污染;惰性气体抑爆、防灭火时需要相当高的浓度,有研究表明当 CO_2 的浓度达到 27% 时才能完全抑制 9% 瓦斯的爆炸[6],《CO_2 灭火系统设计规范》规定 CO_2 系统的设计浓度则需高达 34% 以上[7],意味着应用时需要大量高压气瓶组、复杂管道,后续维护也很复杂;细水雾也是一种公认的清洁、高效的可燃气体爆炸抑制剂,而其抑爆效果受到水雾粒径、浓度、水雾区长度、初始爆炸强度等因素的影响[8],能导致爆炸产生增强与抑制两种截然相反的效果[9]。细水雾导致爆炸增强的主要原因是水雾加速了爆炸流场和火焰面扰动,火焰面积增大,促进了化学反应的进行和火焰传播的加速[10];而当水雾量增大到一定值后抑制效果增长的幅度将逐渐变小,又会出现"平台效应"[9]。因此,单一抑爆剂的应用存在一定瓶颈。

协同抑爆是指利用不同抑爆剂的优势,使其互相弥补达到更好的抑爆效果。Holborn等[11]曾提出氮气-超细水雾抑制氢气爆炸能产生加性效应。余明高[12]、朱新娜[13]等对稀释气体 CO_2 和超细水雾抑制甲烷爆炸进行了实验研究,发现火焰传播速度、爆炸超压和平均压升速度均有显著降低。然而,现有文献中针对气液两相介质抑制瓦斯爆炸的协同规律与协同增效原因,以及协同抑爆效果的影响因素等关键问题未展开深入研究。因此,开展气液两相介质抑制管道瓦斯爆炸协同规律与机理研究对煤矿瓦斯抽采和瓦斯输送安全具有重要的科学意义和应用价值。

1.2 国内外研究现状

1.2.1 惰性气体抑爆研究现状

惰性气体稀释剂是防止和降低密闭容器爆炸危害的最有效的方法之一。国内外学者研究了多种惰性稀释剂如 Ar、N_2、CO_2、H_2O(水蒸气)和废气等对氢气、甲烷、丙烷、LPG(液化石油气)、乙烯等易燃气体的抑爆作用。目前对惰性气体抑制可燃气体爆炸研究主要围绕爆炸/燃烧极限、火焰传播速度、爆炸超压、燃烧反应动力学等方面展开。

研究表明,惰性稀释剂可以明显影响爆炸/燃烧极限。例如,1952 年 Coward 和 Jones 等[14]在一个直径为 10 英寸的管道内,测试了用 N_2、CO_2、H_2O、Ar 等惰性气体稀释 CH_4 的可燃极限。Kondo 等[15]在 12 L 爆炸球内研究了 CO_2 对甲烷/空气预混气爆炸极限的影响,表明对于化学当量比下的甲烷/空气预混气,CO_2 体积分数达到 25% 才能起到惰化作用。Qiao[16]等人通过实验和数值模拟研究了甲烷/空气、氢/空气火焰在不同稀释剂(N_2、He、Ar、CO_2)作用下对燃烧极限的影响。S. E. Ganta 等[17]分别在 20 L 爆炸球和一个 8 m 长、部分直径为 1.04 m 的管道内研究了 CO_2 对碳氢化合物密闭爆炸和射流燃烧点火行为、惰化浓度和超压的影响。喻建良、陈鹏、赵涛等[18,19]开展了惰性气体对爆燃火焰淬熄的研究。钱海林等[20]、沈正祥等[21]、王华、邓军等[22]、王涛[23]、刘玉泉等[24]、邱雁等[25]分别研究了 N_2/CO_2 混合气、CO_2 和 N_2 对瓦斯浓度爆炸极限、超压和临界氧浓度的影响,发现 CO_2 比 N_2 有更好的抑制效果,惰性混合气中 CO_2 的体积分数越高,抑爆效果越好。

在影响火焰传播方面,Hermanns 等人[26]采用热流量法测定了 N_2 作为稀释气对当量比范围为 0.7~3.1 的 H_2/空气火焰层流燃烧速度的影响。Arpentinier 等人[27]对化学计量甲烷/空气的燃烧速度与将 N_2 换成 CO_2 和 Ar 环境中化学计量甲烷的层流燃烧速度进行了比较。结果表明:层流燃烧速度与绝热火焰温度相关,使用 CO_2 比 Ar 或 N_2 温度要低。Halter[28-30],Tahtouh[31,32],Lachaux[33]等通过实验和数值模拟的方法,对圆柱形不锈钢管道内多种稀释气体(N_2、CO_2、水蒸气、三种燃烧后的废气组合物、He、Ar)对化学当量比甲烷爆炸层流燃烧速度的影响进行了深入研究。结果表明热容量对层流燃烧速度的影响起主导作用,并提出了热容量与层流燃烧速度之间的关系式。

Hongmeng Li 等[34]利用纹影系统研究了 H_2/CO/CO_2/air 合成预混气球型火焰的层流燃烧特性,研究了 CO_2 含量对火焰传播、马克斯坦长度和层流燃烧速度的影响。研究发现:随着 CO_2 体积分数的增加,层流燃烧速度值明显减小。牛芳等[35]在 10 m^3 的爆炸罐中对 9.5% 的甲烷/空气进行了爆炸试验,计算得到了爆炸物的层流燃烧速度、爆炸特征值的变化规律。

在影响爆炸超压方面,A. Di Benedetto[36]等在圆柱形封闭管道中进行 CH_4/O_2/N_2/CO_2 和 H_2/O_2/N_2/CO_2 的爆炸实验,结果表明:降低 CO_2 含量或者增加 O_2 含量会导致爆炸最大压力和最大压力上升速率上升;并通过 Chemkin-premix 模拟得出,CO_2 不仅影响火焰传播速率,而且会影响火焰的比热,当 CO_2 的含量使得火焰温度降低到 1 500 K 时,燃烧速率会下降,火焰会熄灭。胡栋、袁长迎等[37]、胡耀元等[38]研究了 N_2、CO_2 和水蒸气对汽油、石油液化气爆炸温度和压力特性的影响,结果表明:N_2、CO_2 与水蒸气对多元混合气体支链爆炸具有抑制作用。

在惰性气体影响燃烧反应动力学方面,S. O. B. Shrestha 等[39]通过热力学分析指出,由于 CO_2 对氧化反应热的分享效应,三组分的反应速率、热释放速率、火焰温度以及火焰传播速率都会下降。C. Cohe 等[40]观测研究了各种不同压强条件下 CH_4/CO_2/air 三组分预混体系的层流和湍流火焰特征,数值模拟和实验的结果表明随着 CO_2 的增加,层流火焰传播速率降低,燃料的平均消耗速率随着 CO_2 的增加而减小。Yang Zhang 等[41]利用 DPIV 系统进行了 N_2 和 CO_2 对 H_2/CO/air 合成气火焰的层流火焰传播速度和稀释效应实验研究。同时,还利用 Chemkin 评价了 N_2 和 CO_2 对合成气化学反应过程的影响,结果表明:CO_2 稀释对

火焰传播和熄灭比 N_2 稀释有更深远的影响；热效应对层流燃烧速度的降低占主导作用；CO_2 作为第三体增强了链终止反应 $H+O_2(+M) \longrightarrow HO_2(+M)$，同时弱化了 CO 的氧化反应 $CO+OH \longrightarrow CO_2+H$。

陈思维、杜杨等人[42]建立了管道内可燃气体单步化学反应湍流爆炸模型，对二维管道中惰性气体抑制可燃气体爆炸的过程及规律进行了数值模拟。王建等[43]研究了惰性气体对 H_2/O_2 混合气体爆轰性能的影响机制，模拟结果表明：N_2、H_2O、CO_2 对 H_2/O_2 气体的阻尼能力依次增加；惰性气体的阻尼性能出现差异的原因是化学阻尼机制不同，不同的惰性气体与爆炸反应产物发生不同二次反应，淬灭活性基团的能力迥异，因此抑制爆炸反应进程的能力不同。贾宝山等[44,45]利用 Chemkin 软件分析了 N_2、CO_2 含量对瓦斯爆炸过程及致灾性气体生成的影响。结果表明，在相同体积分数下，CO_2 在抑制瓦斯爆炸作用方面比 N_2 的效果更为明显。罗振敏等[46]利用 Gaussian 09 软件分析了 CO_2 在甲烷爆炸过程中的作用以及抑制机理，结果表明：CO_2 以稳定的第三体存在，未参与原子交换反应，但 CO_2 促进了甲烷爆炸链引发甲基自由基的结合反应，降低了关键自由基甲基的浓度，中断了甲烷爆炸链，同时乙烷的氧化反应不会强化甲烷的爆炸反应。

综上所述，现有文献针对单一或多种惰性气体抑制可燃气体爆炸进行了深入研究，其抑爆效果主要受到稀释体积分数的影响，体积分数越高，惰化效果越好。

1.2.2 细水雾抑爆研究现状

近年来国内外学术界对细水雾、超细水雾抑制可燃气体爆炸方面的研究主要围绕爆炸超压、火焰温度、火焰传播速度、燃烧动力学等方面探讨细水雾抑爆效果的影响因素与机理。

Acton 等[47]进行了水雾抑制爆炸的研究，认为使用水雾后爆炸所产生的超压显著降低，到达爆炸超压峰值的时间缩短。P. G. Holborn 等[11,48-50]进行了小型圆管内细水雾抑制低浓度氢-氧混合气爆燃实验与 FLACS 模拟实验，认为高浓度的水雾能显著降低初始压升速率和最大超压值，并探讨了泄放口面积对超压速率与最大超压值的影响。Medvedev[51]等人发现超细水雾能降低氢-氧爆炸极限，雾滴越小抑爆作用越明显。李润之、李永怀、谢波等[52-54]研究了细水雾抑制管道内瓦斯爆炸效果，对主动水雾抑爆过程中的激波、火焰抑制作用进行了实验研究，探讨了实验管道中细水雾喷嘴的位置、最佳水流量。唐建军[55]、陈晓坤[56]、林滢[57]、谷睿[58]、秦文茜[59]、毕明树[60]、高旭亮[61]等研究了超细水雾对不同体积分数瓦斯气体爆炸的抑制作用，发现超细水雾在降低甲烷爆炸温度、延长爆炸延迟时间、降低火焰传播速度和降低爆炸压力方面作用明显。安安[62]、余明高[63]、李振峰[64]、许红利[65,66]等开展了超细水雾抑制瓦斯火、细水雾抑制煤尘与瓦斯爆炸以及瓦斯与粉尘混合物的实验研究。Sapko[67]和 Zalosh[68]都指出细水雾能够通过两种方式抑制燃烧：细水雾能够惰化气体混合物，防止火焰从点火源向远处传播；使用足够稠密的细水雾可熄灭已经形成的火焰传播。

在细水雾抑爆机理方面，G. O. Thomas[69]研究结果认为爆炸中气流的加速依靠局部的拥塞程度和限制程度，水雾抑爆主要的物理机理是液滴与加速气流之间的相对速度，直径 $50~\mu m$ 以下的液滴在抑爆过程中起主要作用，水雾在实际爆炸中的有效性与初始爆炸强度有关。Teresa Parra[70]等建立了一维甲烷/空气预混火焰与细水雾相互作用的数学模型，认为细水雾抑制作用表现为破碎、降温和水滴蒸发吸热作用，还探讨了爆燃与爆轰条件下细水雾抑制甲烷爆炸的熄灭判据。Adiga 等[71,72]采用 CFD 和实验相结合的方法，分析了超细水雾抑爆过程,指出在衰减冲击波方面,分解能的作用与蒸发潜热相比可以忽略,但指出在吸收冲击波能量的过程中,超细水雾的面积—体积比其他细水雾的蒸发具有时间尺度优势,可以使其更好地发挥作用。刘晅亚等[73]指出水雾对气体爆炸火焰传播的抑制是由于水雾降低了反应区内火焰温度和气体燃烧速度,减缓了火焰阵面传热与传质,从而使传播火焰得以抑制。

然而,Kees van Wingerden、G. O. Thomas 等[74-76]通过研究细水雾对爆炸火焰的影响,认为水雾对爆炸的抑制作用来自燃烧区内增加的热量传递和质量传递,而喷雾也可能会促进燃料和空气的混合,引起火焰的湍流化,从而加剧爆炸反应。余明高、游浩等[77,78]采用压力喷头雾化方式进行了半密闭钢化玻璃管道内的瓦斯/煤尘复合爆炸实验,指出水量充足时细水雾可有效降低火焰传播速度和火焰温度,瓦斯浓度过高或水雾量不足时,细水雾将通过助燃促进瓦斯爆炸。李铮[78]、唐建军[55]运用虹吸式雾化喷嘴进行了 4.35 L 密闭爆炸管道和 20 L 近球形不锈钢罐中的细水雾抑爆实验和模拟研究,结果提到初始湍流会促进瓦斯爆炸,但随着水雾量的增加,水雾的抑爆效果也逐渐明显。Zhang[80,81]等通过超声波雾化方式和压力雾化产生超细水雾进行甲烷/空气爆炸抑制研究,指出超声波细水雾能有效降低爆炸强度,随水雾浓度的增加抑制效果增强;而采用压力雾化方式产生的超细水雾却增强了爆炸反应强度,且随粒径的增大爆炸增强显著。

Lentati[82]、Akira Yoshida[83]指出水雾主要通过吸热冷却效应削弱爆炸火焰,化学抑制作用小于 10%,但不能忽视。陆守香等[84]分析了水参与瓦斯爆炸的化学反应动力学机理,认为水主要是作为第三体或惰性液滴破坏瓦斯爆炸链反应过程中的链载体。李成兵[85,86]等运用伴热式的密闭爆炸激波管($\phi100$ mm$\times$4 m)对 CO_2、N_2、水蒸气抑制甲烷燃烧和爆炸的效果进行了实验和模拟研究。结果表明:水蒸气的加入可以削弱爆炸强度,当超过某一临界值时可以彻底阻止甲烷气体被引燃;水蒸气能够有效抑制燃烧和爆炸源于物理抑制和化学阻化的综合作用。梁运涛等[87,88]通过化学动力学计算软件 Chemkin,分析了巷道中空气含湿量对瓦斯爆炸的抑制机理,指出水蒸气对气体爆炸的抑制作用主要归功于加入水分后爆炸链反应中 H、O 和 OH 等自由基的显著减少,并找出了影响瓦斯爆炸以及爆炸后部分致灾性气体生成的关键反应步骤。

当前,围绕提高细水雾抑爆效率,国内外学者做了很多努力,例如添加剂和荷电细水雾等。添加剂主要有水溶性的金属盐、有机物或复合物等,通过物理降温和捕捉火焰中的活性自由基,达到终止爆炸反应的目的。余明高、安安[62,89]等分别研究了含 $MgCl_2$、$FeCl_2$ 和 $NaHCO_3$ 添加剂细水雾和超细水雾抑制瓦斯爆炸有效性,表明细水雾含添加剂后,火焰传播速度,水雾区火焰长度大为减少,火焰温度明显降低,$FeCl_2$ 抑制效果最好。李定启等人[90]开展了含添加剂降低瓦斯爆炸下限的实验研究。曹兴岩等[91]开展了在密闭容器中含 NaCl 超细水雾抑制甲烷/空气爆炸实验研究,发现 NaCl 明显提高了超细水雾的热冷却能力和散热阻挡效果,并分析了 NaCl 参与抑制甲烷爆炸反应过程,在高温高压下,含 NaCl 水溶液在爆炸反应中产生 Cl 和 Na,Cl 作为催化剂促进 H 转化为分子,具体反应过程如下:

$$Cl+Cl+M \Longrightarrow Cl_2+M \tag{1-1}$$

$$Cl_2+H \Longrightarrow HCl+Cl \tag{1-2}$$

$$HCl+H \Longrightarrow H_2+Cl \tag{1-3}$$

$$H+OH+Cl \Longrightarrow H_2O+Cl \tag{1-4}$$

另外,钠离子的化学抑制作用过程如下:

$$Na+OH+M \Longrightarrow NaOH+M \tag{1-5}$$

$$NaOH+H \Longrightarrow Na+H_2O \tag{1-6}$$

$$NaOH+OH \Longrightarrow NaO+H_2O \tag{1-7}$$

$$NaO+O \Longrightarrow Na+O_2 \tag{1-8}$$

最终增强了甲烷爆炸链反应的主要活性物 H、O、OH 浓度降低概率,爆炸反应速度将明显放缓。然而,添加盐类添加剂同样也会有些负面影响,比如会降低液滴与火焰相互作用过程中的蒸发速率。例如 Ingram 等人[92]开展的含碱金属添加剂的超细水雾抑制氢气爆炸实验研究,认为抑制效果主要是均匀气相机理和添加剂参与抑制自由基化学反应;只有全部水雾蒸发足够快,蒸发的添加剂才能发挥抑爆作用。再者,如果爆炸强度很高,大部分雾滴被冲击波吹散,化学作用在抑爆过程中将不能很好发挥[93]。

梁栋林[94]进行了荷电细水雾抑制瓦斯爆炸研究,利用带电雾滴的强扩散性、库仑力小、易破碎等特性,容易进入火焰内部,参与爆炸链式反应,销毁、中和以及吸附链式反应中间产物,阻断瓦斯爆炸反应。然而由于荷电过程中存在高电压,在实际应用中必须做好设备绝缘,避免因电极放电引发爆炸事故。

总之,细水雾抑爆效果受到爆炸强度和水雾密度、粒径等因素的影响。如细水雾不足则会产生爆炸增强效应,而当水雾量增大到一定程度后,抑爆效果提高幅度减小,出现"平台效应"。针对如何减缓、消除这种增强效应和平台效应,现有文献仅提出应增加细水雾通入量或密度,而在实际应用中难免因细水雾分布不均匀、沉降等导致部分区域水雾密度不均匀的现象,则无法实现预期的抑爆效果。含化学添加剂的细水雾抑爆也同样会受到添加剂的浓度、种类、初始爆炸强度等影响。因此,还需研究结合其他手段,提高细水雾的抑爆效率。

1.2.3 气液两相介质协同抑爆研究现状

气液两相介质抑爆是以惰性介质作为协同抑爆材料,发挥惰性气体良好的惰化窒息和细水雾吸热降温能力,提高抑爆效果。目前,国内外学者针对瓦斯爆炸抑爆的研究主要围绕单独抑爆剂,仅有少数学者进行了气液两相介质抑制可燃气体爆炸超压和火焰传播速度的实验研究。例如,L. Dupont 等[95]使用 20 L 球形爆炸容器测试了由 CH_4 和 CO_2 组成的混合气体在饱和水蒸气环境下的燃爆特性(测试压力为常压,测试温度为 30～70 ℃),发现超过 70 ℃,随温度升高而增加的饱和水蒸气含量足以完全惰化由 CH_4 和 CO_2 组成的混合气体。实验中的混合气体在以压力上升速率作为评判标准的对比中,燃爆烈度比纯 CH_4 小 3 倍。杨永斌[96]等提出了矿用氮气-细水雾防灭火新技术,设计了相应的低压大雾量雾化装置,通过实验验证了氮气-细水雾在受限空间内良好的扩散特性和快速高效的灭火能力。

英国南岸大学学者在一个高度为 0.38 m 的小型装置内开展了氮气与超细水雾抑制氢气爆炸研究。例如,J. M. Ingram、P. N. Battersby[97,98]等人利用超声振动雾化器产生了 SMD 为 6 μm 的超细水雾,研究其对氢-氧-氮爆炸抑制作用,发现其对燃烧速度和压升速率有显著抑制作用,并提高了氢-氧的爆炸下限,提出细水雾和氧气稀释(氮气)能产生加性效应,并探讨了超细水雾密度和氮气浓度对爆炸的影响。P. G. Holborn 等[11]结合超细水雾抑制氢-氧-氮混合气爆炸的压力-时间数据,利用 Dahoe 方法[50]建立了一个预测燃烧速度的数学模型,发现对于富氢-氧-氮混合气,高密度的细水雾和氮气更加有效地降低了氢气火焰的燃烧速度,但不能完全抑制贫氢混合气爆燃。

余明高、朱新娜、牛攀等[12,13,99]研究了 CO_2-超声波细水雾、双流体喷嘴产生 N_2、CO_2 和细水雾抑制管道瓦斯爆炸的衰减特性,结果表明:N_2 或 CO_2 超细水雾与 N_2 或 CO_2 共同抑制管道瓦斯爆炸时存在协同效应,对爆炸超压和火焰传播速度的抑制要明显优于单独抑爆剂作用的情况。

综上所述,虽有近期相关文献表明惰性气体与超细水雾抑爆存在协同效应,但是现有文献仅开展了 2 种惰性气体与超细水雾协同抑制瓦斯爆炸火焰传播速度和超压两个宏观参数的衰减变化,缺少火焰温度、火焰形态与结构的变化特征分析,气液两相介质抑制瓦斯爆炸衰减特性的基础测试数据不够完善;同时没有对气液两相介质抑制瓦斯爆炸的协同作用规律进行分析,也没有从理论上解释气液两相介质协同抑爆增效的机理。

1.3 本研究提出的科学问题及科学意义

针对参与气液两相介质抑制爆炸过程中的多种因素,并结合上述研究现状,凝练提出了以下三个科学问题:

科学问题 1:气液两相介质抑制管道瓦斯爆炸衰减特性

由于温度变化是燃烧过程的重要热力参数,火焰结构的变化又会影响火焰加速形成,因此,需要进一步完善气液两相介质抑制管道瓦斯爆炸动态参数基础数据和变化过程的研究,可为阐述其抑制管道瓦斯爆炸衰减特性,获得气液两相介质抑制瓦斯爆炸的协同规律以及揭示抑爆协同机理提供重要支撑。

科学问题 2:气液两相介质抑制瓦斯爆炸的协同规律和关键控制参数

前期研究表明,雾滴粒径、水雾通入量(水雾质量浓度)、惰性气体种类、稀释体积分数等这些因素对单一抑爆剂抑爆效果有重要影响,然而目前还缺少相关因素影响气液两相介质抑制管道瓦斯爆炸协同规律的相关研究,以及相应的抑爆关键控制参数,为气液两相介质抑爆技术在抑爆工程中的推广提供技术支持。

科学问题 3:气液两相介质抑制管道瓦斯爆炸的协同机理

目前缺乏结合稀释效应和吸热效应对瓦斯燃烧反应速率影响的理论分析,以及惰性气体与细水雾之间的相间耦合作用机制还不够清楚。因此,有必要结合流体力学、热力学、传热传质学等基本理论,为气液两相介质抑制管道瓦斯爆炸协同增效的机理提供理论解释。

以上三个问题是气液两相介质抑制管道瓦斯爆炸协同规律及机理研究的关键问题。本研究拟采用理论分析、数值模拟和实验相结合的研究方法,研究气液两相介质抑制管道瓦斯爆炸衰减特性及协同作用规律,分析惰性气体与细水雾之间的相间耦合作用机制,揭示气液两相介质抑爆协同增效的机理,对完善和发展惰化细水雾抑爆技术具有重要的理论价值和实际应用前景。

1.4 研究内容与技术路线

1.4.1 研究内容

(1) 气液两相介质抑制管道瓦斯爆炸衰减特性研究

比较与分析单一抑爆剂与气液两相介质作用下压力动态参数和火焰传播动态参数(火

焰传播速度、火焰位置、火焰温度、火焰形状与结构)的变化规律,分析气液两相介质抑制管道瓦斯爆炸衰减特性。

(2)气液两相介质抑制瓦斯爆炸的协同规律和关键控制参数研究

研究惰性气体种类、不同稀释体积分数和细水雾通入量(细水雾质量浓度)对管道瓦斯爆炸抑爆效果的协同影响规律,分析气液两相介质抑制管道瓦斯爆炸的关键控制参数。

(3)气液两相介质抑爆协同增效的机理研究

结合 CFD 数值模拟和实验测试结果相互验证,分析惰性气体与细水雾抑制瓦斯爆炸的相间耦合作用机制。进行气液两相介质作用下瓦斯爆炸火焰锋面传质、传热分析,分析惰性气体与雾滴的稀释效应、吸热效应等因素对瓦斯燃烧反应速率的影响,揭示气液两相介质抑爆协同增效的机理。

1.4.2 技术路线

本书基于惰性气体-超细水雾惰化抑制管道瓦斯爆炸实验系统,采用实验测试、理论分析与数值模拟及相互验证相结合的方法,系统地展开气液两相介质抑制瓦斯爆炸协同规律及机理研究,总体研究技术路线见图 1-2。

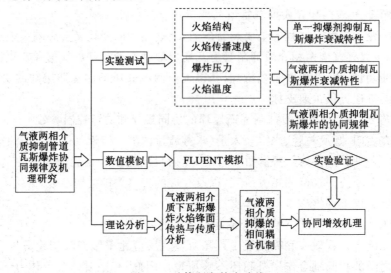

图 1-2　总体研究技术路线

2 管道瓦斯抑爆实验系统

2.1 实验系统构成

　　由于气液两相流涉及因素较多,气流速度、液滴粒径、细水雾沉降及气液两相参混程度等都会影响抑爆效果。为了尽量排除上述干扰因素的影响,笔者在相关研究的基础上研制了一套"惰性气体-超细水雾抑制瓦斯爆炸测试装置"。本研究所用实验装置如图 2-1 所示,实验系统主要由配气系统、超细水雾发生与输送系统、温度测试系统、压力测试系统、高压点火系统、高速摄像系统、数据采集仪及同步控制系统组成。通过该实验系统,可对管道瓦斯爆炸过程中的爆炸超压、火焰传播形态与速度以及火焰温度等动态特性参数进行测试。

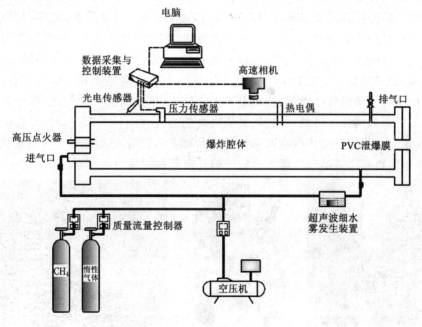

图 2-1　实验装置图

2.1.1 爆炸腔体

　　为了方便地对爆炸火焰传播过程进行捕捉,实验中采用了有机玻璃方管制作爆炸腔体,具体尺寸为 120 mm×120 mm×840 mm,有效容积为 12.096 L,即长径比为 7 的管道。腔体壁面厚度 20 mm,耐压强度可达 2 MPa。管道两端用一钢板封闭,通过法兰、加密封橡胶垫连接螺钉固定,保证实验管道的密封性。为了确保实验的安全性,在右侧钢板正中设置了一个直径为 40 mm 的圆形泄爆孔,由 2 mm 厚的 PVC 薄膜密封,爆炸时破裂达到泄压的作用。管道上壁预留了压力传感器、热电偶和排气孔，如图 2-1 所示。

2.1.2 点火系统

本实验采用的是电容储能式电火花点火器。该点火器是由西安顺泰热工机电设备有限公司生产的 HEI19 型高频脉冲点火器，由点火控制器和高热能点火器组成，如图 2-2 所示，输出电压为 6 kV，点火能量为 2.5 J。点火电极设置在左端封闭钢板的中部，点火电极端部间距 5 mm。

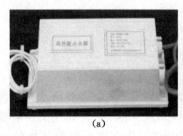 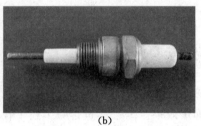

(a)   (b)

图 2-2　点火系统

2.1.3 配气及输气系统

配气系统主要由高压甲烷气瓶（纯度为 99.9%）、高压 CO_2、N_2、Ar、He 气瓶（纯度为 99.9%）、空气压缩机和质量流量控制器组成（精度为 ±0.5%）（图 2-3）。实验中采用的是直接配气，在管道右端靠近出口位置开一个排气阀，从管道左端通入 4 倍管道容器体积的预配气体[100]。具体配气的方法是：首先，配置当量比为 9.5% 的甲烷/空气预混气，甲烷与空气气体流量分别控制在 0.77 L/min 与 7.3 L/min，充气过程控制在 6 min 左右，以保证排尽腔体内的空气。预配气结束后，关闭通气阀。然后，通入所需惰性气体，根据其在总体积内的比例计算得到惰性气体的通入量，其流量根据通入时间计算即可。没有将惰性气体与甲烷、空气预混的原因是考虑气液两相抑爆技术的实际应用，通过惰性气体将超细水雾带入腔体，这样也能得到今后适合抑爆工程应用的气液两相抑爆剂的控制参数。

(a)   (b)   (c)

图 2-3　配气及输气系统
(a) 高压气瓶；(b) 空气压缩机；(c) 质量流量控制器

2.1.4 超细水雾发生、测量与输送系统

超细水雾发生与输送系统，主要由超声波雾化装置、方形储水盒、出入管道等组成，如图 2-1 所示。其中超声雾化装置采用的是三头全铜雾化器，雾化片工作频率 1 700 kHz，平均

雾化速率经精密电子天平测量约为 4.2 mL/min。雾化器的工作原理是通过超声波雾化片的高频谐振,将液态水分子结构打散而产生水雾颗粒。

本书实验中水雾粒径测量采用的是 Dantec Dynamics A/S 公司生产的相位多普勒激光测速仪(Phase Doppler Anemometer,简称 PDA)。该仪器的粒径测量范围:0.3～7 000 μm,粒径测量精度可达±0.5 μm。该系统测量的基本光学原理是 Lorenz-Mie 散射理论,利用双散射光相干测量方法,在测量空间相干光汇聚处会产生一组干涉条纹,如图 2-4 所示。依靠运动微粒的散射光与照射光之间的频差来获得速度信息,而通过分析穿越激光测量体的球形粒子反射或折射的散射光产生的相位移动,则可以确定粒径的大小、速度场分布等。

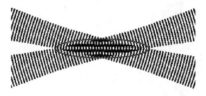

图 2-4　相干光交汇点的干涉条纹测量区域

该系统的主要组成部分有激光器、入射光学单元、接收光学单元、信号处理器、数据处理系统和三维坐标架位移系统。系统示意图如图 2-5 所示,图 2-6 为系统实物图。

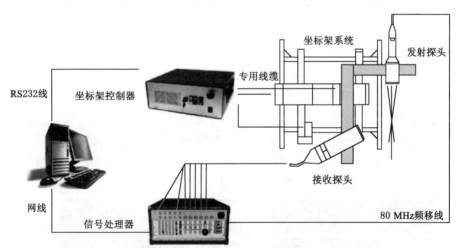

图 2-5　相位多普勒激光测速仪系统构成

图 2-6　相位多普勒激光测速仪系统实物图

根据美国消防联合会细水雾灭火系统技术委员会发布的细水雾规范（NFPA 750，Standard on Water Mist Fire Protection Systems）中对细水雾粒径的划分，200 μm 以下的为第Ⅰ细水雾。Adiga[101]、秦俊[102]等认为粒径小于 50 μm 的细水雾具有更大的比表面积，流动性更好，可以称为超细水雾。经过 PDA 测试，本书实验中的超声波细水雾的雾滴粒径范围为 0～20 μm，从图 2-7 中还可以发现，大部分的水雾粒径在 10 μm 以下，属于超细水雾范围，有利于细水雾快速蒸发吸热，稀释氧气和瓦斯浓度，吸收更多热量，更好地抑制瓦斯爆炸与火焰传播。

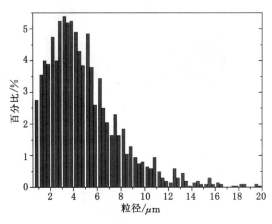

图 2-7　实验中使用的超细水雾的粒径分布

实验中，超细水雾是随惰性气体从进气口流入爆炸腔体。由于惰性气体本身携带一定压力，能够帮助超细水雾在实验管道内扩散，较为均匀地分布在实验管道内。另外，实际测试中发现，环境温度对细水雾的沉降有较大影响。经过比对同一工况下冬季和夏季展开的细水雾抑爆实验，如图 2-8 所示，可以发现由于冬季环境温度低，大部分水雾沉降在管道的下半段，造成火焰在管道上半部蔓延较快；而夏季的抑爆实验中细水雾没有出现明显沉降，整体抑爆效果更好。因此，本书中的测试均在夏季进行。

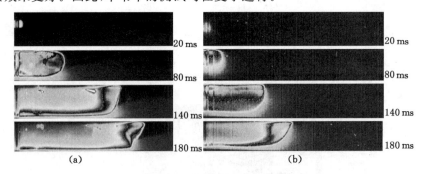

图 2-8　超细水雾沉降对火焰传播影响
（a）冬季；（b）夏季

2.1.5　数据采集与控制系统

（1）火焰图像采集系统

由于瓦斯爆炸的发生时间在毫秒级，本书用于拍摄高速动态爆炸火焰的设备是德国

Lavision 公司生产的 High Speed Star 4G 型高速摄像机,见图 2-9。该高速相机主要由 CCD 摄像头、服务器、控制盒和 Davis.7.2 采集软件组成。该相机通过高感光度的百万像素 CMOS 传感器进行高速拍摄,最大拍摄速度可达 10 万幅/s,最小帧间间隔 2.3 μs。实验中火焰传播过程以 2 000 fps 的速度进行拍摄,像素为 1 024×1 024,用于捕捉爆炸火焰的形状与火焰前锋的位置。

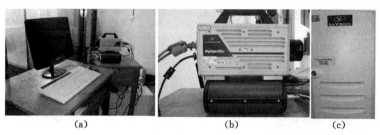

图 2-9　高速摄像机
(a) 显示器;(b) 相机与控制盒;(c) 服务器

　　高速相机捕获的瓦斯爆炸火焰的图片,除了可以分析火焰形态,观察火焰传播的全过程,同时可以计算爆炸火焰传播速度。根据 Masri 等[103]和 Johanson 等[104]对爆炸火焰传播速度的图像计算方法,定义火焰锋面位置为火焰锋面最前缘与点火源之间的距离,而火焰传播速度 v_f 则等于火焰锋面位置变化与时间之比。通过将火焰传播的原始图像导入 Adobe Photoshop CS6 软件处理后,可以获取火焰锋面最前缘的精确位置。由于高速相机与实验管道的间距是固定的,因此火焰传播方向管道长度的像素是固定的。本实验中爆炸试验管道长度为 840 mm,火焰传播方向像素为 371,因此每个像素的实际长度应为 2.26 mm,那么火焰锋面的位置应为火焰锋面最前缘处的像素点数乘以像素长度。然后,根据公式(2-1)就可以获得火焰传播速度:

$$v = \frac{L_n - L_{n-1}}{t_n - t_{n-1}} \tag{2-1}$$

其中　　v——火焰传播速度,m/s;

　　　　L_n——t_n 时刻火焰锋面距点火源的实际长度,mm;

　　　　L_{n-1}——t_{n-1} 时刻火焰锋面距点火源的实际距离,mm;

　　　　t_n——后一张火焰图片拍摄的时刻点,ms;

　　　　t_{n-1}——前一张火焰图片拍摄的时刻点,ms。

　　另外,实验中使用的 High Speed Star 4G 型高速相机是一款黑白高速相机,后期处理软件有伪彩色图像处理功能,拍摄的火焰图片如图 2-8 所示。图像伪彩色处理是为了更好地区分高、低温区域,把图像的各个灰色值,按照一定的函数关系映射成相应的彩色,不同的灰度级对应不同的彩色,图片的色彩与发光的强度有关。由于该方法能准确地发现高温度目标,被广泛应用于目标图像的观测[105]。传统的灰度级伪彩色变换的基本做法是将图像分为四个部分:低温物体(蓝色),中低温物体(绿色),中温物体(黄色)和高温物体(红色)[106]。故而可以认为在实验条件、拍摄参数(曝光时间、背景光源等)一致的情况下,火焰图片的颜色越亮,可燃气体爆炸火焰的辐射温度越高。因此,由该款高速相机拍摄的火焰图片能定性地反映爆炸气体温度的分布情况。

（2）压力与光电信号采集系统

压力测试系统由高频压力传感器和数据采集卡组成。本书实验中采用的压力传感器为上海铭动公司生产的 MD-HF 型高频压力传感器，利用半导体硅极高的弹性模量和优良的力学特性制成，是具有很高的固有频率、极短的上升时间和宽广优良的响应频率的压阻式压力传感器。该压力传感器的量程－1～1 bar，响应时间 0.2 ms，综合精度为 0.25％，安装于管道顶部中心线距点火电极端 60 mm 处，如图 2-1 所示。图 2-10 为该压力传感器的外观和具体尺寸示意图。

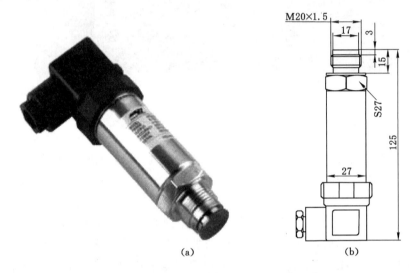

图 2-10　压力传感器的外观和具体尺寸

本书实验中采用的光电传感器为南京东大测振仪器厂生产的 RL-1 型光电传感器，固定于管道壁外点火电极的上方，指向点火电极。压力传感器和光电传感器信号采集速度均设置为 15 kHz。它的主要作用是用于标记引爆瞬间的光信号，确定压力和火焰图像采集的初始时刻，从而实现数据采集和火焰图像拍摄的同步。另外，为避免其他光源对引爆信号的影响，所有实验均在夜间展开。

本书实验数据采集使用的是 MC 公司生产的 USB-1608FS Plus 型数据采集卡，该采集卡有 8 个独立的同步采集通道，16 位分辨率，最大采样率为 400 kSa/s。在爆炸测试中，通过用 Labview 2010 软件事先编写好的采集程序获取光电信号数据和压力信号数据。如图 2-11 所示。

（3）温度测试系统

火焰温度是燃烧过程的重要热力参数之一。火焰温度定性或定量的测定，对于观察和了解上述燃烧过程、燃烧流场和燃烧产物的内在特性，建立合理的燃烧模型、进行精确的计算机模拟分析都有着重要的指导作用[107]。鉴于测量对象为受限空间内的气体爆炸火焰，普通热电偶由于响应时间长、热惯性大，无法满足快速地反映实际温度的要求，因此，本书的实验中采取自制的 R 型微细热电偶对瓦斯爆炸火焰温度进行了测试。实验中所用的热电偶由美国 Omega 公司生产的直径为 25 μm 的 Pt/Rh13-Pt 细丝制成，出厂前厂家预先对偶丝进行了焊接。购买后，只需将热电偶丝穿过内径为 1 mm 的耐高温陶瓷

（a）　　　　　　　　　　　　（b）

图 2-11　数据采集卡与光电传感器

（a）数据采集卡；（b）光电传感器

管护套内，并伸出端部约 2 mm。最后，将陶瓷管插入管壁上预留的热电偶测试孔进行固定和密封即可。另外，为了减小测试误差，延长线配套使用了该公司生产的 EXTT-Rs-24-25 型补偿导线。

热电偶的动态特性问题的分析模型，通常是在忽略热电偶内部温度分布、自身导热和与环境辐射换热的假设条件下，按一阶常微分方程来处理。在达到稳态时，热电偶焊接点处的热平衡关系可表示为如下微分方程[108]：

$$\rho V c_{\mathrm{p}} \frac{\mathrm{d}T}{\mathrm{d}t} = hA(T_{\mathrm{g}} - T) \tag{2-2}$$

上式可变换为：

$$\frac{\rho V c_{\mathrm{p}}}{hA} \frac{\mathrm{d}T}{\mathrm{d}t} + T = T_{\mathrm{g}} \tag{2-3}$$

记 $\rho V c_{\mathrm{p}}/hA = \tau$ 为热电偶的时间常数，则上式变为：

$$\tau \frac{\mathrm{d}T}{\mathrm{d}t} + T = T_{\mathrm{g}} \tag{2-4}$$

式中　T, T_{g}——热电偶与被测气体的温度，K；

ρ——Pt/Rh13-Pt 金属的密度，kg/m³；

c_{p}——Pt/Rh13-Pt 金属的比热，J/(kg·K)；

τ——热电偶的时间常数，s；

V——热电偶热接点的体积，m³；

A——热电偶热接点的表面积，m²；

h——热电偶与周围被测气体间的对流换热系数，W/(m²·K)；

t——时间，s。

在温度测试中需要对温度测量数据根据上述方法修正。

数据采集仪则采用美国 Nanmac 公司的 ESC 信号调理仪（图 2-12），该仪器集滤波与放大功能于一身，所带的 iESC-DAQv 2.6 测量软件，采样率可达 250 kSa/s。其中内置的 ESC-TC 快速热电偶输入模块具有高带宽低噪声的特点，适用于爆炸、爆轰试验时气体、火焰的快速测温，带宽：50 kHz，内置冷端补偿。通过对测得火焰锋面的离子电流数值进行换算，可得到热电偶的温度值。

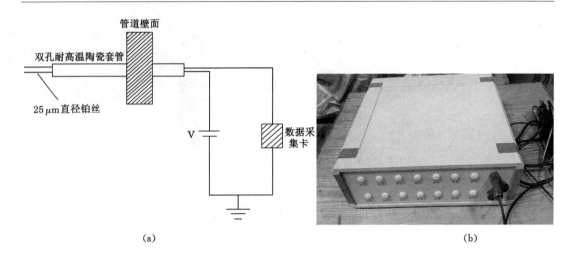

图 2-12　微细热电偶测试系统与信号调理机箱示意图
(a) 微细热电偶测试系统；(b) 信号调理机箱

2.2　实　验　工　况

　　由于反应当量浓度下的甲烷/空气爆炸威力最大，因此，甲烷的体积分数设定为 9.5%。本书实验工况的设计思路是，对比研究单一抑爆剂和气液两相介质抑制管道内 9.5% 甲烷/空气爆炸动态参数（爆炸超压、火焰传播速度、火焰位置、火焰传播结构与形状、火焰温度等）的变化规律，分析气液两相介质抑制瓦斯爆炸的协同作用及影响因素，具体如下：

　　(1) 改变惰性气体的种类与稀释体积分数。分析不同惰性气体种类与稀释体积分数对管道内 9.5% 甲烷/空气爆炸抑制效果的影响。

　　(2) 改变超细水雾通入量（质量浓度），分析不同超细水雾通入量对管道内 9.5% 甲烷/空气爆炸抑制效果的影响。

　　(3) 分析不同惰性气体种类、稀释体积分数和细水雾通入量（质量浓度）等因素对气液两相介质抑制管道内 9.5% 甲烷/空气爆炸协同抑爆效果的影响。

2.3　实　验　步　骤

　　(1) 调试点火器、温度、压力与光电信号采集系统、高速摄像和超细水雾发生与输运系统。所有测试系统均处于待机状态。

　　(2) 加装 PVC 泄爆膜。

　　(3) 按照本书 2.1.3 节介绍的办法配置 9.5% 甲烷/空气预混气，甲烷与空气气体流量分别设定为 0.77 L/min 与 7.3 L/min，充气时间在 6 min 左右，以保证有 4 倍管道容器体积的预配气体流经管道，从而使管道原有的空气排尽[100]。最后，关闭通气阀。同时，也需对超声波细水雾的方形储水盒进行冲洗。

　　(4) 对于纯超细水雾工况，使用按照步骤(3)的配气方法配置好的 9.5% 甲烷/空气预混气将超细水雾经进气口送入管道内，在通入超细水雾过程中，排气阀处于关闭状态，则能保证所有细水雾被带进管道。

对于纯惰性气体工况,在步骤(3)结束后,根据惰性气体占管道体积的体积分数,计算所需通入惰性气体的量,流量根据通入时间计算确定即可。

对于气液两相介质工况,在步骤(3)结束后,根据惰性气体占管道体积的体积分数,计算所需通入惰性气体的量,流量则根据超细水雾的通入时间确定。

(5)充气或充水雾过程结束后,关闭进气口球阀,静置 30 s,保证管内气液两相介质的混合均匀。

(6)启动点火按钮,光电传感器触发高速摄像与数据采集系统。

(7)存储火焰拍摄图像、压力和温度数据。

(8)启动空压机排出管道内的残余气体,准备下一次实验。

(9)为了保证实验的可重复性和准确性,对每个实验工况进行了 3～5 次实验。每一实验工况记录的超压、温度均为所有实验测试的平均值。

2.4　本章小结

为了实现研究抑爆剂作用下管道内 9.5% 甲烷/空气预混气爆炸的超压、火焰温度和火焰传播过程等重要爆炸特征参数的变化规律,本章介绍了抑爆实验平台的组成与各个组成部分的主要设备及功能;同时介绍了实验的工况和实验过程。通过该实验平台,可对气液两相介质抑制管道瓦斯爆炸的衰减特性进行相关研究。

3 单一抑制剂作用下管道瓦斯爆炸
衰减特性实验研究

可燃预混气体在密闭空间内的爆炸有两种不同的极端情况。一种是爆燃，由于可燃预混气体在较短的时间内燃烧，在边界约束下产生了压力波。在燃烧传播过程中如果约束条件消失，则压力波消失，火焰转为自由燃烧；反之，则导致压力波不断增强，形成火焰加速。尤其在煤矿、瓦斯输送管道等长距离受限空间，当火焰锋面赶上前驱压力波阵面，耦合形成带化学反应区的强冲击波，爆燃波则会转变为爆轰波，导致灾害程度和作用范围的增大[109]。因此，爆燃是一种不稳定状态的燃烧波，它的发展与约束条件有密切关系。可见，在抑爆工程实践中，及时抑制火焰波和压力波是降低爆炸伤害的有效途径[110]。

为了对比研究气液两相介质抑制瓦斯爆炸的协同效果，本章以9.5%甲烷/空气预混气为研究对象，首先对其进行了惰性气体、超细水雾单一抑爆剂抑制9.5%甲烷/空气预混气爆炸实验研究，分析单一抑制剂作用对爆炸超压、火焰形态、火焰传播速度、火焰位置和最大火焰温度的抑制效果。

3.1 管道瓦斯爆炸特性分析

3.1.1 管道瓦斯爆炸火焰传播特性分析

本书首先进行了管道内9.5%甲烷/空气预混气爆炸实验，以此为基准，对比分析单一抑爆剂和气液两相介质对9.5%甲烷/空气预混气爆炸的抑制效果。根据Clanet和Searby的研究，依据可燃气体爆炸火焰在管道内传播形状将火焰传播分为四个阶段：即球形火焰、指形火焰、触及管壁的细长火焰和郁金香火焰[111]。

由于火焰阵面的燃烧反应受到散热、气体成分与体积分数、压力等多种因素的影响，燃烧速率是不断变化的，难以测量。因此，本书通过对高速相机拍摄获得的火焰图片处理后，得到火焰阵面位置与火焰传播速度。

根据燃烧学的基本理论，火焰传播速度是表征可燃气体燃烧剧烈程度的重要参数，其基本公式为[112]：

$$v_f = v_u + S_l \tag{3-1}$$

式中　　v_u——燃烧气体膨胀的气流速度，m/s；

　　　　S_l——预混可燃气的层流火焰传播速度，m/s。

结合高速相机拍摄的火焰传播图片，如图3-1(a)所示，可将9.5%甲烷/空气预混气爆炸火焰在半封闭管道内的传播过程分为三个阶段：(1) 半球形火焰；(2) 指形火焰；(3) 泄爆膜破裂之后二次火焰。即：点火成功后，在点火源附近形成了"半球形火焰"，火焰以层流方式自由传播。早期层流火焰的传播速度主要依赖于可燃气体成分、气体的扩散、温度及初始

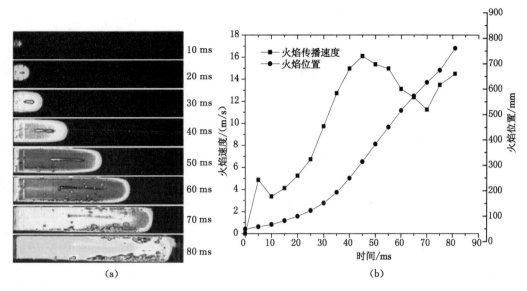

图 3-1　9.5％甲烷/空气预混气体爆炸火焰传播过程

（a）火焰传播图像；（b）火焰传播速度与火焰位置变化

压力等。随着燃烧反应的进行,在管壁的约束和散热作用下,出现第一个速度峰值;同时,在两侧管壁的约束和气体黏性作用下,对火焰阵面产生了剪切作用,火焰逐渐被拉伸,中心处速度最大,壁面处速度最小,此时火焰形状由"半球形"转变为"指形"。随着燃烧反应的进行,在管壁约束作用下,燃烧产物的热膨胀对前方未燃气体进一步压缩,加强了管内可燃气体的质量和热量传输,由此,燃烧反应速率得到提高,火焰传播速度骤然加快。

根据 Clanet 和 Searby 的研究[111],如果火焰在长径比足够大的管道内继续传播,火焰变形会不断增大燃烧面积,火焰阵面发生褶皱,最终火焰发生毁坏性畸变,形成"郁金香火焰"。Moen 等人[113]对爆燃转爆轰及火焰加速机理的研究也表明:导致初始层流火焰加速转变成湍流火焰的原因主要有两个:一是雷诺数足够大,在火焰阵面前的未燃气体流动中形成湍流;二是压力波与火焰的相互作用。由于本书实验管道长度较短,长径比小,在测试中未形成"郁金香火焰"。

根据高速相机拍摄情况,PVC 膜大约在 48 ms 时发生破裂,火焰传播曲线第二峰值出现。之后,大量气体冲出泄爆口,造成管内负压,进而又进入新鲜空气,残余的可燃气体二次燃烧,管内湍流扰动现象越加明显;但是由于火焰传播速度下降,对管内可燃气的压缩程度下降,火焰形状变为"平面形";最后由于泄爆口孔径突然变小,火焰再次加速,80 ms 时冲出管道。

3.1.2　管道瓦斯爆炸火焰温度变化

根据热平衡理论,可燃预混气经过绝热等压达到化学平衡,则系统最终达到理论燃烧温度,该温度取决于初始温度、压力和反应物的成分。由于爆炸过程可视为绝热定容过程,定容反应放热的具体计算公式为[114]:

$$Q_1 = \sum n_i \int_{298}^{T} c_{pi} \mathrm{d}T \qquad (3-2)$$

式中　　Q_1——可燃物质的低热值，MJ/m³；

　　　　n_i——第 i 种产物的千摩尔数；

　　　　c_{pi}——第 i 种产物的定压热容，kJ/(kg·K)。

上述方法计算的温度结果比较准确，但是式(3-2)的积分结果是 3 次方程，因此想要得到具体的解比较麻烦。为此，采用平均定压热容 $\bar{c}_{pi}$ 计算，可得出求解燃烧温度的公式为[115]：

$$Q_1 = \sum V_i \bar{c}_{pi}(t-298) \tag{3-3}$$

式中　　V_i——第 i 种产物的体积，m³。

因为理论燃烧温度 t 也是一个未知量，在具体计算时，通常先假定一个理论燃烧温度 t_1，从平均定压热容表中查出相应的 $\bar{c}_{pi}$，带入式(3-3)，求出相应的 Q_{11}；然后再假定第二个理论燃烧温度 t_2，求出相应的 $\bar{c}_{pi}$ 和 Q_{12}；最后用插值法，逐渐逼近，直至两者很相近，求出理论燃烧温度 t[114,115]。

瓦斯的燃烧反应为：

$$CH_4 + 2(O_2 + 3.76N_2) \longrightarrow CO_2 + 2H_2O + 2 \times 3.76N_2$$

根据盖斯定律，预混气的混合爆炸反应热计算公式为：

$$Q = -\sum H = -\left[\left(\sum n_j \Delta H^0_{j298}\right) - \left(\sum n_i \Delta H^0_{i298}\right)\right] \tag{3-4}$$

常见物质的生成焓 ΔH^0_{i298} 可查文献[114,115]。将查出的数值带入式(3-4)，可以得到化学当量甲烷/空气预混气的爆炸反应热为 882.16 kJ/mol。再将计算出的反应热带入式(3-3)，采用线性内插法可以求得化学当量的甲烷/空气预混气的爆炸火焰温度为 $T_f = 2350$ K。

图 3-2 为采用微细热电偶测量的 9.5% 甲烷/空气预混气爆炸火焰温度随时间的变化曲线。可以看出，当火焰经过测试点时，温度曲线经历了急剧上升，然后快速下降的过程，最大火焰温度为 1 575 ℃。这个值比瓦斯火焰的理论温度要低。这是因为一方面有散热的影响；另一方面爆炸反应在瞬间完成，火焰阵面中的可燃气在高温下离解产生了自由基，热电偶测试的是火焰锋面的离子电流数值，火焰锋面经过后，反应速率迅速下降，离子电流数也随之减小。另外，由于热电偶的时间响应的限制，其实测得的火焰温度已不是化学反应最激烈的时刻，实际的火焰温度应该更高[112,116]。

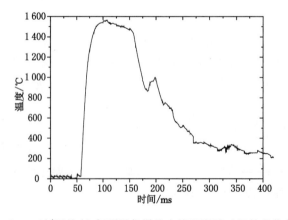

图 3-2　9.5% 甲烷/空气预混气爆炸火焰温度随时间的变化曲线

3.1.3 管道瓦斯爆炸超压特征分析

密闭空间内可燃预混气体在燃烧时产生 CO_2 和水蒸气等燃烧产物,同时释放出热量,并使燃烧产物受热、升温、体积膨胀,进而产生超压。根据理想气体状态方程,爆炸超压可由下式算出:

$$p_2 = p_1 \frac{n_2 T_2}{n_1 T_1} \tag{3-5}$$

式中,n_1,T_1,p_1 分别为初始摩尔数、温度和压力;下标 2 代表爆炸后的参数。

另外,压力上升速率也是表征爆炸超压强度的重要参数。最大压升速率 $\left(\dfrac{\mathrm{d}p}{\mathrm{d}t}\right)_m$ 则是压力-时间曲线上升段拐点处的切线斜率,即压力差除以时间差的商,具体计算如式(3-6)所示。

$$\left(\frac{\mathrm{d}p}{\mathrm{d}t}\right)_m = \frac{p_{max} - p_0}{\Delta t} \tag{3-6}$$

式中　$\left(\dfrac{\mathrm{d}p}{\mathrm{d}t}\right)_m$——最大压升速率,MPa/s;

p_{max}——爆炸传播过程中的最大压力,kPa;

p_0——爆炸传播过程中的初始压力,kPa;

Δt——最大压力的时间间隔,s。

图 3-3 为体积分数为 9.5% 下甲烷/空气预混气体的爆炸超压变化曲线,结合其火焰传播过程,可以将压力变化过程分为三个阶段:(1)超压形成期,$t_0 \leqslant t \leqslant t_{火焰接触壁面} = 22$ ms,引爆成功后火焰呈半球形自由传播,燃烧产物不断膨胀,在管壁的约束作用下产生超压,但随着爆炸反应的进行,超压逐步上升。(2)压力急剧上升期,22 ms $= t_{火焰接触壁面} \leqslant t \leqslant t_{泄爆膜破裂} = 48$ ms,当火焰扩散到管壁周围时,受到管壁约束,火焰产生绕流,火焰开始加速。在这一阶段,燃烧反应释热与管壁散热同时存在,但是由于泄爆膜没有破裂,总体上封闭空间内的放热大于散热,爆炸反应处于加速阶段,因此,超压曲线呈现阶梯式增长,火焰传播速度曲线在这一阶段的斜率最大。(3)泄压期,$t > t_{泄爆膜破裂} = 48$ ms,泄爆膜破裂后压力迅速下降。

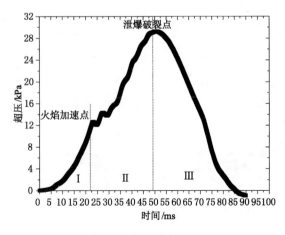

图 3-3　9.5% 甲烷/空气预混气爆炸超压变化曲线

3.2 惰性气体抑制管道瓦斯爆炸衰减特性

3.2.1 实验工况

　　为了研究惰性气体种类与体积分数对9.5％甲烷/空气预混气体抑爆效果的影响,惰性气体选取了氮气、二氧化碳、氦气和氩气四种种类,体积分数设计为2％、6％、10％、14％、18％、22％和26％,详细工况见表3-1。值得指出在测试中,当CO_2体积分数超过22％预混气点火失败,其他三种惰性气体在28％左右很难点燃。

表 3-1　　　　　　　　　　　　　　实验工况设置

工况	点火情况	工况	点火情况	工况	点火情况	工况	点火情况
CH_4 9.5％	成功	CO_2 2％	成功	He 6％	成功	Ar 10％	成功
N_2 2％	成功	CO_2 6％	成功	He 10％	成功	Ar 14％	成功
N_2 6％	成功	CO_2 10％	成功	He 14％	成功	Ar 18％	成功
N_2 10％	成功	CO_2 14％	成功	He 18％	成功	Ar 22％	成功
N_2 14％	成功	CO_2 18％	成功	He 22％	成功	Ar 26％	成功
N_2 18％	成功	CO_2 20％	成功	He 26％	成功		
N_2 22％	成功	CO_2 22％	失败	Ar 2％	成功		
N_2 26％	成功	He 2％	成功	Ar 6％	成功		

3.2.2 惰性气体对管道瓦斯爆炸火焰传播特性的影响

3.2.2.1 惰性气体对瓦斯爆炸火焰传播速度与位置的影响

　　图3-4的(a1)～(a4)为四种惰性气体抑制9.5％甲烷/空气预混气爆炸火焰传播速度随时间的变化。首先,随着惰性气体体积分数的增加,最大火焰传播速度逐渐减小,其峰值来临时间也逐步延迟。其中,在稀释体积分数为10％的CO_2作用下,火焰传播速度曲线在爆炸初期出现了"滞涨期",点火成功后火焰传播速度的快速上升大约比9.5％甲烷/空气爆炸

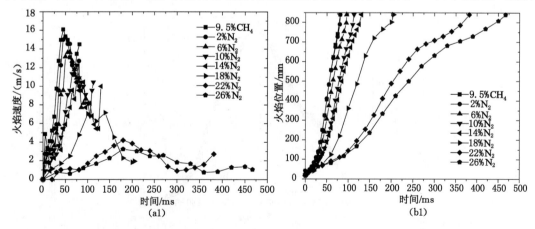

图3-4　管道内四种惰性气体对9.5％甲烷/空气预混气体爆炸火焰传播速度与位置的影响

(a1) N_2作用下爆炸火焰传播速度;(b1) N_2作用下爆炸火焰锋面位置

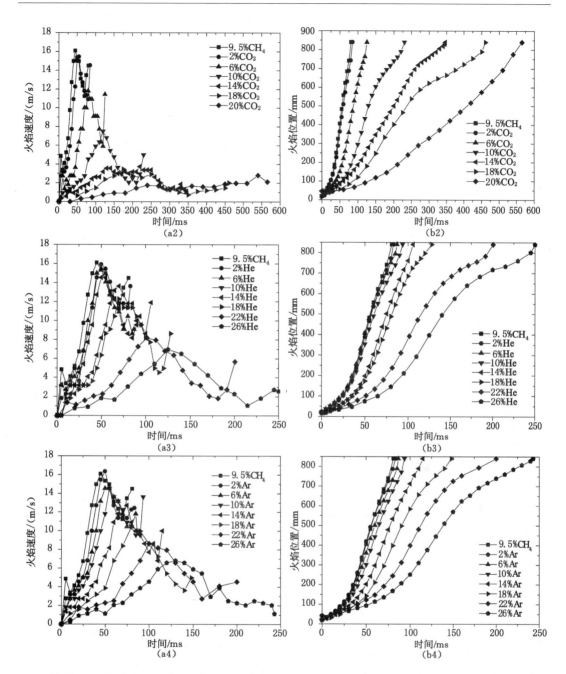

续图 3-4　管道内四种惰性气体对 9.5％甲烷/空气预混气体爆炸火焰传播速度与位置的影响

(a2) CO₂ 作用下爆炸火焰传播速度；(b2) CO₂ 作用下爆炸火焰锋面位置；

(a3) He 作用下爆炸火焰传播速度；(b3) He 作用下爆炸火焰锋面位置；

(a4) Ar 作用下爆炸火焰传播速度；(b4) Ar 作用下爆炸火焰锋面位置

时延迟约 80 ms；当 CO₂ 稀释体积分数增至 14％以后，火焰传播速度曲线呈缓慢增加态势，最大火焰传播速度维持在 1.67～3.45 m/s。N₂ 作用下火焰传播速度曲线"滞涨期"从稀释体积分数为 18％时出现，约为 60 ms；当 N₂ 稀释体积分数超过 22％后，火焰传播速度曲线进入缓慢增加态势,最大火焰传播速度维持在 $3.25 \sim 4.15$ m/s。在 He 和 Ar 作用下火焰传播速度曲线"滞涨期"也从稀释体积分数为 18% 时出现,为 $40 \sim 50$ ms;但随着稀释体积分数的增加,火焰传播速度曲线没有出现缓慢增加的态势,最大火焰传播速度也明显大于 N_2 和 CO_2 抑制的情况。各工况下的最大火焰传播速度与峰值来临时间见表 3-2。

其次,惰性气体种类对瓦斯爆炸火焰的抑制效果有较大差别,CO_2 对火焰传播的抑制效果明显优于其他三种惰性气体,其次是 N_2、Ar 和 He。在本书的实验测试中还发现,当 CO_2 体积分数超过 22% 或其他三种惰性气体体积分数超过 28% 后,9.5% 甲烷/空气预混气很难被点燃,表明惰性气体只有在很高的稀释体积分数下才能对瓦斯爆炸实现完全惰化。这与王涛[23]的研究结论一致。另外,根据 L. Qiao[117] 等通过实验和模拟研究的氦、氩、氮、二氧化碳抑制剂(体积分数 $0 \sim 40\%$)对氢/空气预混气层流燃烧速度和火焰对拉伸的影响:加入稀释剂普遍降低了层流燃烧速度,火焰趋于稳定,惰化能力依次增强的顺序为:He、Ar、N_2、CO_2。表明本书的数据与现有的文献获得了很好的一致。

最后,从火焰传播速度曲线峰值特征的变化上看,9.5% 甲烷/空气预混气火焰传播速度曲线为"双峰"特征。这是由于在点火源附近,点火成功后火焰接触管壁后,散热增加,火焰传播出现了小幅降低,形成第一峰值;随着燃烧的进行,可燃气体不断受到压缩,火焰传播再次加速,直至泄爆膜破裂,形成第二峰值,之后火焰传播很快下降;当接近出口时,由于泄爆口孔径突然变小,火焰传播速度又有提升,最终冲出管道。在惰性气体作用下,当 CO_2 的体积分数大于 10% 或其他三种惰性气体体积分数大于 18% 时,"双峰"特征消失,而是表现了"单峰"特征。这表明当稀释体积分数达到足够大时,惰性气体才能有效稀释预混气浓度,影响输运系数,使火焰燃烧速率以较低的水平进行,降低火焰传播速度。这一点从表 3-2 中也可以看出,例如当 CO_2 的体积分数达到 10% 火焰传播速度峰值为 7.491 m/s,仅为纯 9.5% 甲烷/空气预混气爆炸火焰传播速度峰值的 43%。

表 3-2 四种惰性气体作用下 9.5% 甲烷/空气预混气爆炸最大火焰传播速度与峰值来临时间

稀释体积分数	N_2		CO_2		He		Ar	
	v_{max} /(m/s)	峰值来临时间/ms	v_{max} /(m/s)	峰值来临时间/ms	v_{max} /(m/s)	峰值来临时间/ms	v_{max} /(m/s)	峰值来临时间/ms
0	16.090 6	45	16.090 6	45	16.090 6	45	16.090 6	45
2%	15.255 8	50	15.439 4	55	15.893 5	50	16.347 6	50
6%	13.623	55	11.806 6	80	15.439 4	50	14.531 2	50
10%	12.260 7	75	7.491	120	14.531 2	50	14.531 2	55
14%	10.444 3	75	3.547 2	130	13.623	70	12.714 8	75
18%	7.150 5	140	3.450 4	175	12.260 7	70	10.414 4	80
20%			1.741 1	240				
22%	4.199 5	180			8.172	101.5	8.626	100
26%	3.255 1	180			6.964 4	125	6.81	130

结合图 3-4 的(b1)～(b4)四种惰性气体作用下 9.5% 甲烷/空气预混气爆炸火焰锋面位置随时间的变化曲线可以发现:当 CO_2 体积分数小于 6% 或其他三种惰性气体体积分数

小于14%时,惰性气体对火焰位置的影响较小;而当CO_2体积分数大于10%或其他三种惰性气体体积分数大于18%时,四种惰性气体作用下瓦斯爆炸火焰位置随时间的变化曲线均出现了"拐点",而且随着惰性气体体积分数的增加,火焰位置曲线的斜率逐渐减小。

图3-5是四种惰性气体作用下9.5%甲烷/空气预混气爆炸最大火焰加速度随稀释体积分数的变化和拟合曲线。首先,随着惰性气体稀释体积分数的增加,最大火焰加速度呈逐渐减小趋势。其次,最大火焰加速度与惰性气体稀释体积分数呈近似幂指函数关系,其中CO_2拟合相关指数最高,具体拟合公式和相关指数如表3-3所示。最后,当CO_2稀释体积分数超过10%或N_2稀释体积分数超过18%后,最大火焰加速度衰减有明显趋缓,而He和Ar作用下最大火焰加速度则没有出现明显的减缓趋势。这说明只有在较高的稀释体积分数下,CO_2和N_2对瓦斯爆炸火焰传播才表现出明显的抑制效果。

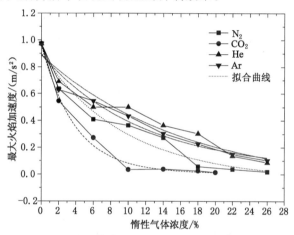

图3-5　管道内四种惰性气体作用下9.5%甲烷/空气预混气爆炸
最大火焰传播加速度随稀释体积分数的变化

表 3-3　　　　四种惰性气体作用下9.5%甲烷/空气预混气爆炸最大火焰
传播加速度与体积分数的拟合公式

惰性气体	拟合公式	相关指数 R^2	残差平方和
N_2	$\left(\dfrac{dv_f}{dt}\right)_{max} = 0.00747 + 0.95365 * \exp(-0.25525c)$	0.94141	0.00647
CO_2	$\left(\dfrac{dv_f}{dt}\right)_{max} = -0.03784 + 0.94058 * \exp(-0.10378c)$	0.98664	0.00179
He	$\left(\dfrac{dv_f}{dt}\right)_{max} = -0.07964 + 0.9621 * \exp(-0.06138c)$	0.9254	0.00659
Ar	$\left(\dfrac{dv_f}{dt}\right)_{max} = 0.03418 + 0.85964 * \exp(-0.08669c)$	0.9417	0.00493

表中:$\left(\dfrac{dv_f}{dt}\right)_{max}$ 为最大火焰加速度;c为惰性气体稀释体积分数。

3.2.2.2　惰性气体对瓦斯爆炸火焰温度的影响

图3-6为设置热电偶处不同惰性气体作用下9.5%甲烷/空气预混气爆炸最大火焰温度随稀释体积分数的变化曲线。可以看出,在四种惰性气体抑制下,最大火焰温度均随着稀释体积分数的增加而减小。在较低的稀释体积分数下,例如四种惰性气体的稀释体积分数

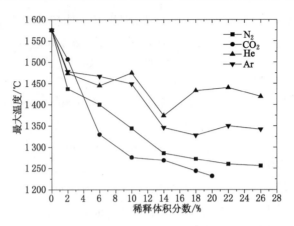

图 3-6　管道内不同惰性气体作用下 9.5％甲烷/空气预混气爆炸
火焰最大温度随稀释体积分数的变化

都为 2％时,最大火焰温度均没有太大降低;但当稀释体积分数继续增加后,最大火焰温度的衰减对 CO_2 的加入最为敏感,当 CO_2 稀释体积分数增至 18％时,预混气较难点燃,最大火焰温度为 1 246 ℃,相比 9.5％甲烷/空气预混气爆炸最大火焰温度下降了约 21％。N_2 对最大火焰温度的抑制效果不如 CO_2;然后是 Ar 和 He,两者对最大火焰温度的抑制效果基本相当。其原因是惰性气体的吸热能力与分子结构有关,其中三原子气体的定容热容最大,吸热能力最强,其次是双原子气体,最后是单原子气体[118]。常见气体的定容热容计算式如表3-4 所示。

表 3-4　　　　某些气体从 0 ℃上升至 t ℃时平均定容热容的计算公式[118]

气体名称	$\bar{c}_V/[J/(mol \cdot K)]$
单原子气体(Ar、He,金属蒸气及其他)	20.84
双原子气体(N_2、O_2、H_2、NO)	$20.8+0.002\,88T$
三原子气体(CO_2、SO_2)	$37.66+0.002\,43T$

3.2.2.3　惰性气体对瓦斯爆炸火焰传播形状的影响

图 3-7 是不同 N_2 稀释体积分数下 9.5％甲烷/空气预混气爆炸火焰传播照片。对比纯 9.5％甲烷/空气爆炸火焰传播的火焰图片,首先,可以发现随着稀释体积分数的增加,点火初期的火焰面积逐渐减小,同时点火成功初期的半球形火焰的颜色也逐步变暗蓝色,这说明点火初期火焰的温度在降低。其次,从火焰颜色上,在火焰传播前期,当 N_2 稀释体积分数小于 10％时,火焰颜色以青绿色为主,N_2 体积分数大于 14％后变为蓝色、暗蓝色,2％N_2 作用下的橘红色火焰应该是泄爆膜破裂新鲜空气进入,二次火焰导致的燃烧程度增强,然而随着 N_2 稀释体积分数的增加,二次火焰的颜色由明亮的黄色逐渐变为绿色或蓝色、暗蓝色等;火焰到达出口端的时间也从 9.5％甲烷/空气预混气爆炸时的 76 ms 分别延长至 81 ms、96 ms、113 ms、130 ms、250 ms 和 381 ms。说明随着 N_2 体积分数的增加,稀释和降温作用逐步增强,瓦斯燃烧反应速率逐步降低,降低了爆炸强度,即便发生泄爆,管内负压降低减少了新鲜空气的进入量,因此,降低了二次火焰的燃烧强度。最后,从火焰形状上,随着燃烧的

进行,初期火焰形状没有大的改变,也经历了"半球形"到"指形"的传播加速过程;泄爆膜破裂后,由于泄压管内压力下降,火焰传播速度进一步下降,火焰形状变为"平面形"。然而当 N_2 的体积分数超过 18％后,在火焰传播后期火焰形状变为不对称的"斜面形"。这是由于在 N_2 稀释和降温作用下,火焰传播速度降低,火焰释放的热量对管道上半部的可燃气体加热较多,导致上半部的火焰传播较快。当稀释体积分数继续增加至 22％时,燃烧释放的热量仅能维持火焰锋面在管道内的游走,点火端火焰几乎消失。

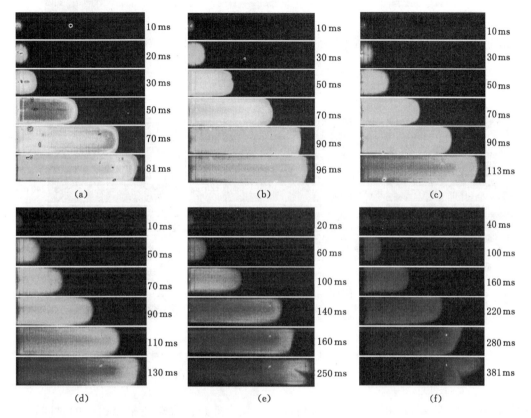

图 3-7 管道内不同 N_2 稀释体积分数作用下 9.5％甲烷/空气预混气爆炸火焰传播过程
(a) N_2 2％;(b) N_2 6％;(c) N_2 10％;(d) N_2 14％;(e) N_2 18％;(f) N_2 22％

图 3-8 是不同 CO_2 稀释体积分数下 9.5％甲烷/空气预混气爆炸火焰传播照片,可以发现:随着 CO_2 体积分数的增加,点火初期的火焰面积逐渐减小,火焰形状经历了"半球形"到"指形",再变为"平面形";而当 CO_2 体积分数超过 14％后,火焰形状变为"斜面形",火焰传播后期火焰形状出现不对称的"蛇形"传播,火焰传播至出口的时间分别延长至 85 ms、125 ms、230 ms、346 ms、460 ms 和 565 ms。在 CO_2 较低的体积分数(2％和 6％)下,火焰颜色为橘色或青黄色;而体积分数超过 10％后,火焰颜色变为蓝色,当 CO_2 的体积分数大于 14％后,火焰锋面后已燃区为蓝色或黑色,这表明 CO_2 的稀释和降温作用明显优于 N_2,其对瓦斯爆炸火焰传播抑制效果更好。

图 3-9 和 3-10 是不同 He 和 Ar 稀释体积分数下 9.5％甲烷/空气预混气爆炸火焰传播照片,可以发现:随着 He 或 Ar 稀释体积分数的增加,火焰形状也经历了"半球形"到"指形",再变为"平面形"的过程。当 He 或 Ar 稀释体积分数小于 14％时,火焰的颜色呈现了

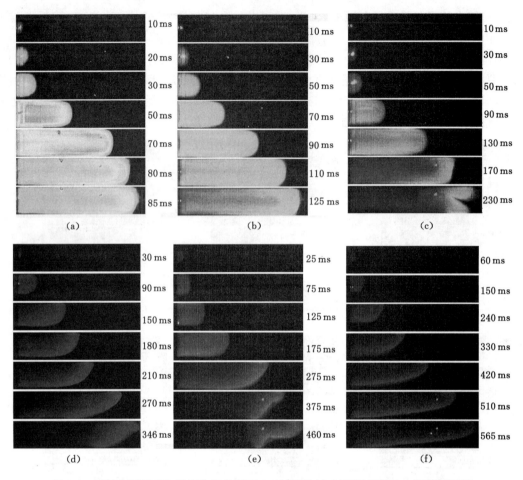

图 3-8　管道内不同 CO_2 稀释体积分数下 9.5％甲烷/空气预混气爆炸火焰传播过程
(a) CO_2 2％；(b) CO_2 6％；(c) CO_2 10％；(d) CO_2 14％；(e) CO_2 18％；(f) CO_2 20％

橘红色和黄绿色；超过 18％后，火焰颜色才逐步变为蓝色。火焰传播至出口的时间也基本类似。这表明 He 和 Ar 对 9.5％甲烷/空气预混气爆炸火焰传播抑制程度基本一致，但稍差于 N_2。

3.2.3　惰性气体对管道瓦斯爆炸压力的影响

3.2.3.1　惰性气体下管道瓦斯爆炸超压变化

图 3-11 为四种惰性气体在不同稀释体积分数下 9.5％甲烷/空气预混气爆炸超压随时间的变化曲线。可以发现，随着稀释体积分数的增加，瓦斯爆炸超压峰值不断下降。根据实验，当 CO_2 体积分数增至 20％，N_2、He 和 Ar 稀释体积分数增至 26％后，虽然经过延长点火时间点火成功，但火焰在管道内传播十分缓慢，且在火焰传播至出口端时间内超压并未产生。后期产生一定超压是由于火焰烧破 PVC 泄爆膜后，新鲜空气进入与尾部少量可燃气燃烧所致。因此，图 3-11 中并未显示。另外，随着惰性气体稀释体积分数的增加，爆炸超压曲线的峰值数量也有很大区别。例如在较低的体积分数时(2％)，爆炸超压曲线为大斜率的"单峰"；当稀释体积分数达到 10％后，超压增长出现延迟，且超压曲线变为"双峰"特征；体积分数继续增加，增长延迟期明显延长，且超压曲线出现多个峰值；在体积分数为 18％的

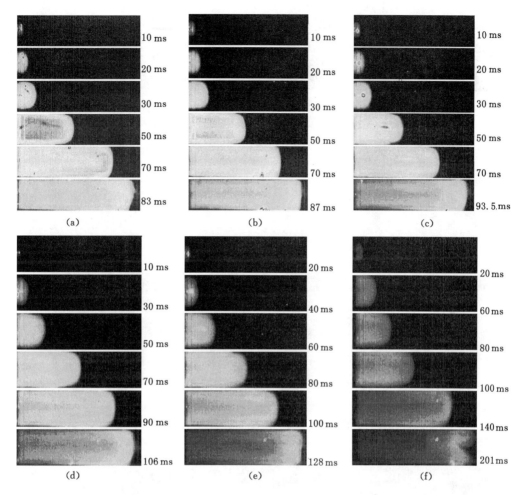

图 3-9　管道内不同 He 稀释体积分数下 9.5% 甲烷/空气预混气爆炸火焰传播过程

(a) He2%；(b) He6%；(c) He10%；(d) He14%；(e) He18%；(f) He22%

CO_2 作用下,超压曲线为"单峰",但斜率比纯 9.5% 甲烷/空气预混气爆炸超压曲线斜率小了很多。这是因为加入惰性气体降低了点火初期的燃烧反应速率,然而管道散热和约束条件是不变的,直接导致初期的压力波强度显著减弱,直接影响了后期火焰传播和压力的增长速率。

图 3-12 是爆炸超压峰值及来临时间与惰性气体稀释体积分数的关系。可以发现,随着稀释体积分数的增加,超压峰值逐渐降低,其来临时间也逐渐延迟。在 N_2、He 和 Ar 三种惰性气体作用下,少量的稀释气体(2%)对 9.5% 甲烷/空气预混气爆炸超压峰值抑制程度较弱,超压峰值来临时间仅出现了较少延迟;当在较高的稀释体积分数下,惰性气体对瓦斯爆炸超压才得到有效抑制,超压峰值最终被抑制在 8.13~8.73 kPa 之间,最大降幅约 72.2%;峰值来临时间从 48 ms 最终延迟至 102.2~124 ms,最大增幅约 158%。CO_2 对 9.5% 甲烷/空气预混气爆炸最大超压的抑制明显优于其他三种惰性气体,例如当稀释体积分数达到 18% 后,最大超压为 7.46 kPa,降幅 74.5%,相应的峰值来临时间为 331.5 ms,延迟增加了 590.6%。

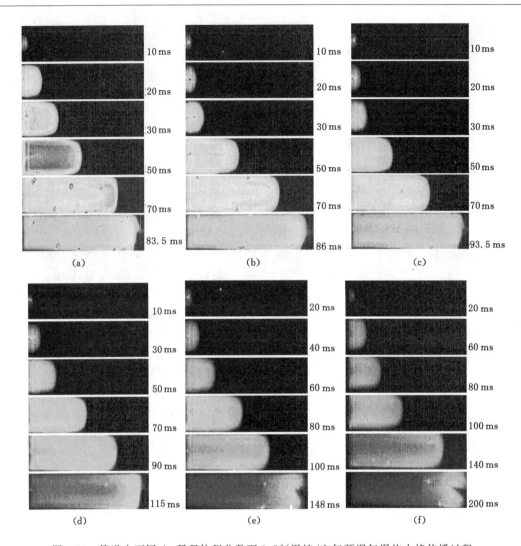

图 3-10 管道内不同 Ar 稀释体积分数下 9.5％甲烷/空气预混气爆炸火焰传播过程

(a) Ar2％;(b) Ar6％;(c) Ar10％;(d) Ar14％;(e) Ar18％;(f) Ar22％

3.2.3.2 惰性气体下管道瓦斯爆炸最大压升速率变化

图 3-13 和表 3-5 是管道内四种惰性气体作用下 9.5％甲烷/空气预混气爆炸最大压升速率随稀释体积分数的拟合曲线及拟合公式对比。结合图 3-5 及表 3-3 最大火焰传播加速度随稀释体积分数的变化与拟合关系,可以发现最大压升速率的变化过程与最大火焰传播加速度的变化趋势一致,都随着稀释体积分数的增加呈近似幂指函数关系。再结合图 3-4 最大火焰温度随稀释体积分数的变化趋势,说明燃烧波与压力波两者之间存在较好的耦合关系。随着惰性气体稀释体积分数的增加,爆炸最大超压压升速率呈迅速下降趋势,当 CO_2 稀释体积分数超过 10％或 N_2 稀释体积分数超过 18％后,最大超压压升速率衰减程度趋缓,而在较高的 He 和 Ar 体积分数下,最大超压压升速率衰减但没有出现明显的减缓趋势。可见,单独使用惰性气体抑爆差别较大,惰性气体种类和体积分数对抑爆效果影响不容忽视。

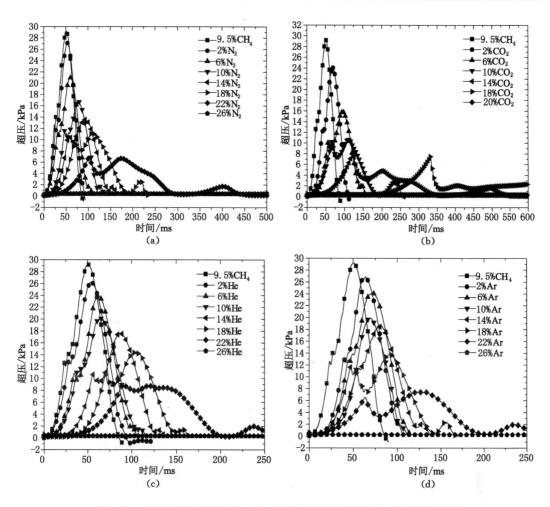

图 3-11　管道内四种惰性气体对 9.5% 甲烷/空气预混气爆炸超压的影响

(a) N_2；(b) CO_2；(c) He；(d) Ar

表 3-5　　　　　四种惰性气体作用下最大压升速率与体积分数的拟合公式

惰性气体	拟合公式	相关指数 R^2	残差平方和
N_2	$\left(\dfrac{\mathrm{d}p}{\mathrm{d}t}\right)_{\max} = -0.055\,83 + 0.650\,3 * \exp(-0.081\,06 * c)$	0.996 76	0.000 14
CO_2	$\left(\dfrac{\mathrm{d}p}{\mathrm{d}t}\right)_{\max} = 0.035\,87 + 0.543\,99 * \exp(-0.249\,38 * c)$	0.988 58	0.000 49
He	$\left(\dfrac{\mathrm{d}p}{\mathrm{d}t}\right)_{\max} = -0.258\,31 + 0.835\,46 * \exp(-0.042\,88 * c)$	0.976 42	0.000 58
Ar	$\left(\dfrac{\mathrm{d}p}{\mathrm{d}t}\right)_{\max} = -0.291\,83 + 0.826\,72 * \exp(-0.036\,96 * c)$	0.948 56	0.001 86

表中：$\left(\dfrac{\mathrm{d}p}{\mathrm{d}t}\right)_{\max}$ 为最大压升速率；c 为惰性气体体积分数。

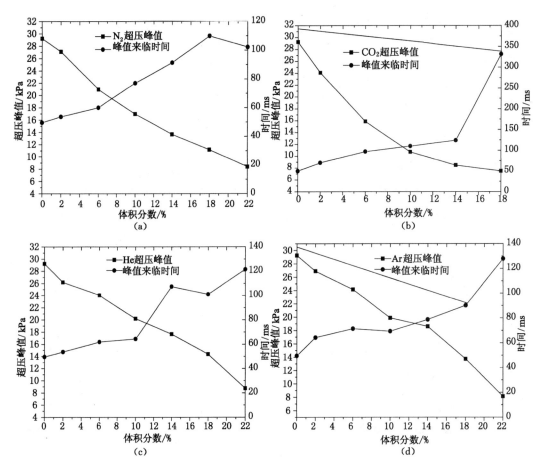

图 3-12　爆炸超压峰值及来临时间与惰性气体稀释体积分数的关系

(a) N_2；(b) CO_2；(a) He；(b) Ar

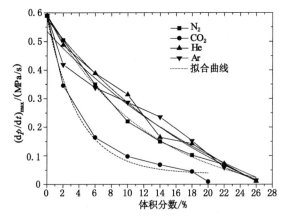

图 3-13　管道内四种惰性气体作用下 9.5% 甲烷/空气预混气爆炸

最大压升速率随稀释体积分数变化与拟合曲线

3.3　超细水雾抑制管道瓦斯爆炸衰减特性实验研究

细水雾具有吸热效率高、稀释可燃气浓度、阻隔辐射且低廉、环保等优点,已被公认为是一种能够有效地抑制可燃气体爆炸的控爆介质,国内外学者进行了大量细水雾抑爆研究。但也有学者提出液滴导致火焰湍流增强,火焰褶皱增加,促进了火焰面积的增大,从而加速了火焰传播[119]。余明高[77]、陈吕义[120]、张鹏鹏[9,80]等人也曾在其研究中观察到细水雾增强爆炸强度的现象,提出抑爆效果依赖于雾通量、喷雾位置和雾动量,当水雾量不足时将导致爆炸增强;曹兴岩等人[121]通过数值模拟研究了密闭容器内部超细水雾与甲烷/空气爆炸火焰的相互作用过程,提出细水雾吸热冷却导致压降和水雾汽化膨胀产生压升的综合作用导致爆炸出现增强和抑制两种结果,并对其提出了评价公式。如果冷却降压作用大于水雾汽化升压作用则容器内部压力降低;反之,则容器内部压力升高。另外,Yang 和 Kee[122]、朱新娜[13]等研究也提到了超细水雾抑制可燃气体爆炸存在"平台效应",当超细水雾含量达到某一值后,总体的抑制效果还在增强,但单位水雾所带来的抑制效果是逐渐减小的。因此可见,单纯依靠细水雾抑爆存在一定的瓶颈。为了对比单独细水雾与气液两相介质抑爆的协同效果,本节对单独细水雾作用下抑制 9.5％甲烷/空气预混气爆炸衰减特性进行了实验研究。

3.3.1　实验工况

根据实验中采用雾化器的平均雾化速率,本书实验中设定超细水雾通雾时间分别为 20 s、1 min、2 min、3 min、4 min,得到通入量分别为 1.4 mL、4.2 mL、8.4 mL、12.6 mL、16.8 mL,相应的超细水雾质量浓度为 115.7 g/m³、347.2 g/m³、694.4 g/m³、1 041.7 g/m³ 和 1 388.9 g/m³。在本书四个超细水雾工况下,没有实现对 9.5％甲烷/空气预混气爆炸的完全抑制。

3.3.2　超细水雾对瓦斯爆炸火焰传播特性的影响

3.3.2.1　超细水雾对瓦斯爆炸火焰传播速度与位置的影响

图 3-14 是在超细水雾作用下 9.5％甲烷/空气预混气爆炸火焰传播速度与火焰锋面距离随时间变化情况。当加入较少超细水雾时,例如 1.4 mL 和 4.2 mL,火焰传播速度就有了比较明显的降低;但随着超细水雾通入量的增加,例如当超细水雾的通入量超过 12.6 mL 后,火焰传播速度没有进一步出现显著下降。同时,随着喷雾通入量的增加,同一时刻的火焰锋面的位置也逐步延后。当超细水雾通入量超过 8.4 mL 后,火焰锋面位置有较大的偏移;但随着通入量的继续增加,火焰锋面位置没有进一步显著延后[图 3-14(b)]。另外,结合超细水雾作用下火焰传播速度曲线图 3-14(a),"滞涨期"从细水雾通入量超过 8.4 mL 后出现,为 40～60 ms,之后火焰传播速度曲线斜率才出现快速上升,最大火焰传播速度维持在 8.28～9.86 m/s。这些表明超细水雾通入量(水雾的质量浓度)是影响瓦斯爆炸火焰传播的重要因素,通入量应超过一定值才能保证在管道内形成足够的水雾浓度,对火焰传播产生有效抑制;而抑爆效果并不是随通入量的增加呈线性增长,而是存在一个"平台效应",如果要进一步提高细水雾的抑爆效率,必须大大增加水负荷。

通过图 3-14(a)还可以看出,当水雾通入量超过 8.4 mL 后,火焰传播速度曲线的第一峰值消失。本章 3.1 节中,我们曾经讨论过 9.5％甲烷/空气预混气爆炸火焰传播速度曲线

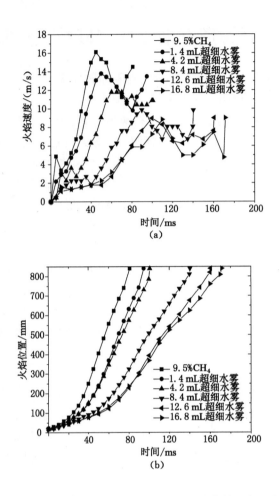

图 3-14 超细水雾抑制 9.5％甲烷/空气预混气爆炸火焰传播速度和火焰锋面位置的影响
(a) 超细水雾作用下爆炸火焰传播速度；(b) 超细水雾作用下爆炸火焰锋面位置

的"双峰"特点，第一峰是在点火初期由于燃烧产物热膨胀和管壁约束下产生火焰加速，导致之后爆炸反应速率不断增加。而加入超细水雾后，由于雾滴的吸热和蒸发稀释作用，对燃烧速率产生影响；但由于雾滴的扩散和蒸发都需要一定时间，因此，只有当超细水雾在管道内达到足够的浓度时，才能产生明显的抑制效果。

图 3-15 是超细水雾作用下最大火焰加速度与通入量的关系与拟合曲线，可以看出两者呈指数衰减函数关系，拟合公式为：

$$\left(\frac{\mathrm{d}v_\mathrm{f}}{\mathrm{d}t}\right)_{\max} = 0.769\ 82 * \exp\left(-\frac{M}{1.524\ 81}\right) + 0.187\ 37 \qquad (3\text{-}7)$$

相关指数 $R^2 = 0.925\ 54$，残差平方和为 $0.007\ 43$。其中，M 为超细水雾通入量。通过图 3-15 可以看出，瓦斯爆炸火焰传播对 $1.4\ \mathrm{mL}$ 超细水雾的加入非常敏感，导致这一段数学拟合与实验差别较大；而随着超细水雾通入量的增加，可以发现拟合相关度较好。这是由于超细水雾具有较大的比表面积，能够快速蒸发，对瓦斯爆炸火焰产生吸热降温作用，进而影响爆炸反应速率。当超细水雾通入量达到 $8.4\ \mathrm{mL}$，最大火焰传播速度加速度下降幅度几乎

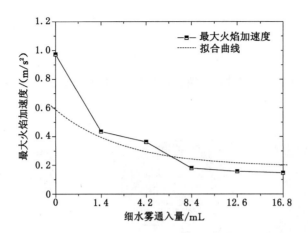

图 3-15　超细水雾作用下 9.5％甲烷/空气预混气爆炸
最大火焰传播加速度随通入量的变化

达到最大;但细水雾通入量继续增加,最大火焰传播速度加速度的下降幅度趋缓,说明细水雾对瓦斯爆炸火焰传播的抑制进入了平台期。与现有的文献研究结论一致[13,122]。

3.3.2.2　超细水雾对瓦斯爆炸火焰温度的影响

图 3-16 为超细水雾作用下 9.5％甲烷/空气预混气爆炸最大火焰温度及来临时间随通入量的变化曲线。随着超细水雾通入量的增加,吸热作用越来越明显,最大火焰温度从纯瓦斯爆炸时的 1 575 ℃,逐渐下降至 1 531 ℃、1 439 ℃、1 351 ℃、1 142 ℃和 1 114 ℃,最大下降幅度为 25.4％。最大火焰温度的来临时间也随着超细水雾通入量的增加延长,从纯瓦斯爆炸时的 47 ms,分别延迟至 65.6 ms、69.7 ms、88.67 ms、100.67 ms 和 107.27 ms,延迟时间最大提高幅度为 128％。对比惰性气体抑制的情况,在体积分数为 18％的 CO_2 作用下 9.5％甲烷/空气预混气爆炸最大火焰温度为 1 246 ℃,可以看出,细水雾对瓦斯爆炸火焰的冷却作用更好。

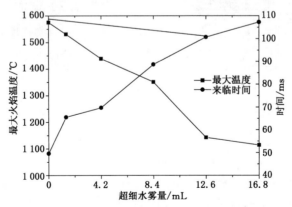

图 3-16　超细水雾下 9.5％甲烷/空气预混气爆炸火焰
最大温度与来临时间随水雾通入量的变化

3.3.2.3　超细水雾对瓦斯爆炸火焰传播形状的影响

图 3-17 是不同超细水雾通入量作用下 9.5％甲烷/空气预混气爆炸火焰传播过程照片。

对比 9.5% 甲烷/空气爆炸火焰传播的火焰图片[图 3-1(a)]，可以发现：首先，随着水雾量的增加，点火初期的"半球形"火焰的面积越来越小，颜色也逐渐变暗。特别是在少量超细水雾作用下(1.4 mL 和 4.2 mL)，火焰阵面和已燃区的温度分布形成胞格状分区，这意味着火焰阵面遇到细水雾雾滴群后蒸发不均匀，留在已燃区的水蒸气或雾滴，在湍流作用下继续与已燃气体之间发生着强烈的传热和传质过程，发挥着冷却作用，因此，火焰阵面和已燃区被割裂成多个区域，说明水雾量不足导致降温作用不均匀。

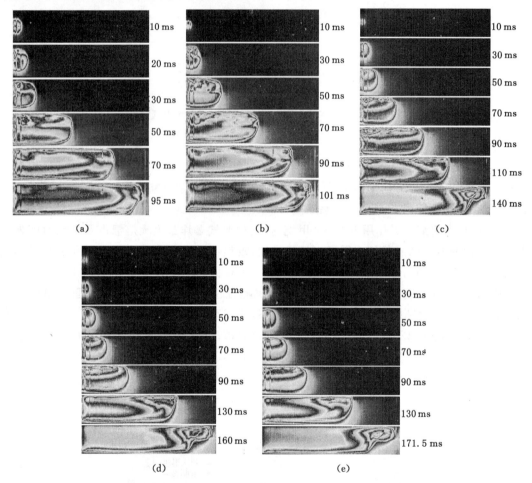

图 3-17　管道内不同超细水雾通入量作用下 9.5% 甲烷/空气预混气爆炸火焰传播过程

(a) 1.4 mL；(b) 4.2 mL；(c) 8.4 mL；(d) 12.6 mL；(e) 16.8 mL

通常火焰的胞状结构被认为是燃烧增强或削弱的交替区域，是燃料物理化学性质的一种反应形式，它的出现会影响火焰的锋面结构和燃烧速度[123]。根据前人研究，水雾会引发火焰锋面"湍流化"，加快火焰锋面和未燃气体的传热、传质进程，甚至出现水雾量不足会增强爆炸强度[124]。结合图 3-14 火焰传播速度曲线和图 3-17 火焰传播过程图片，在 1.4 mL超细水雾作用下，在点火初期，火焰阵面和已燃区被割裂成多个区域，同时火焰加速甚至有微弱提前，这表明细水雾通入量不足时，诱发湍流导致火焰面积增大，加快了已燃气体和未燃气体之间的传热、传质进程，因此提高了火焰传播速度。但当水雾量继续增加至 4.2 mL

后,已燃区胞格状分区有所增大;当水雾量超过 8.4 mL 时,已燃区没有出现明显的胞格状分区结构,火焰速度也出现明显降低。这些体现了当水雾的浓度足够时,细水雾的吸热占主导,火焰传播速度得到有效抑制。

另外,从火焰颜色上看,也可以反映水雾对已燃区和火焰锋面的降温存在不均匀现象。水雾量很少(1.4 mL 和 4.2 mL)时,在火焰传播前期,水雾将火焰和已燃区分隔的胞格区域的数量较多。这是由于雾滴诱发湍流,导致火焰面积增大,增强了未燃气体与已燃气体的混合,燃烧强度增加,此时各个胞格内的火焰颜色主要为红色、明亮的绿色,表明此时水雾降温作用较弱;在火焰传播后期,泄爆膜破裂后,由于一部分水雾被冲出管道,同时又有新鲜空气进入,导致二次燃烧,此时已燃区的颜色为明亮的橘红色、红色等,说明二次火焰温度也很高。随着水雾量的增加(大于 8.4 mL),在火焰传播前期,水雾对火焰锋面和已燃区分隔胞格区域的数量明显减少,火焰颜色变为以黄绿色为主;在火焰传播后期,当水雾量增至12.6 mL 以后,二次火焰颜色没有了红色,以橘红或绿色为主,颜色亮度降低,说明细水雾对整体火焰传播的降温作用明显增强。因此,此处已燃区的胞状结构是火焰阵面被水雾分割和雾滴群降温不均匀导致,而水雾量则影响降温效果。

其次,在超细水雾作用下,火焰传播至出口端的时间也由纯 9.5%甲烷/空气爆炸时的76 ms,分别延长至 95 ms、101 ms、140.5 ms、160 ms 和 171.5 ms。从火焰形状上看,火焰传播前期,火焰阵面为“指形”;但是在大量雾滴的拥塞和降温作用下,引起管道下半部火焰传播速度减小,后期火焰传播变为“斜面形”。而当细水雾的通入量超过 8.4 mL 时,在火焰传播后期,火焰阵面进一步变为“蛇形”。这些表明只有当细水雾的质量浓度达到一定程度后,细水雾的吸热和稀释作用能大大减缓燃烧反应速率,对火焰传播产生较大影响。

由于细水雾蒸发会导致其在管道内分布不均,当火焰阵面穿过液滴群时,则会诱发不同程度的湍流,火焰结构也随之改变。根据邓克尔和谢尔金提出的湍流影响火焰传播速度的褶皱表面燃烧理论,湍流火焰可分为小尺度湍流、大尺度弱湍流和大尺度强湍流。细水雾遇到火焰锋面后的演变情况如图 3-18 所示,可以做如下讨论[118,121]:

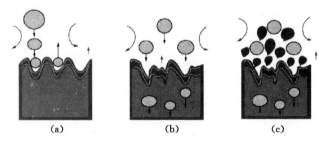

图 3-18　细水雾对火焰锋面的影响[121]
(a)小尺度湍流;(b)大尺度弱湍流;(c)大尺度强湍流

(1)小尺度湍流

此时由于细水雾破碎为更微小的颗粒或蒸发,与火焰阵面接触后诱发的湍流脉动作用较弱,火焰锋面没有发生较大变形,而是变成了波浪形。湍流火焰速度取决于湍流热扩散速率和反应时间:

$$S_T \propto \left(\frac{a_T}{\tau}\right)^{\frac{1}{2}} \tag{3-8}$$

式中　　a_T——湍流热扩散速率，m^2/s；

　　　　τ——化学反应时间，s。根据实验测试：

$$\frac{S_T}{S_L} \approx 0.1\, Re^{\frac{1}{2}} \tag{3-9}$$

水雾汽化将降低未燃气体的热扩散速率，因此火焰传播速率降低，降低程度受水雾浓度大小的影响。

（2）大尺度弱湍流

火焰锋面穿过液滴群后，脉动尺寸大于层流火焰厚度 δ_L，使火焰锋面发生褶皱变形，火焰表面积从层流时的 A_L 增大到 A_T，所以湍流火焰传播速度是增大的。即：

$$\frac{S_T}{S_L} = \frac{A_T}{A_L} \tag{3-10}$$

一方面，火焰表面积的增大提高了火焰锋面与未燃气体之间的热扩散能力；另一方面，液滴穿透火焰锋面后继续蒸发，又冷却已燃气体。因此，火焰阵面反应速率是反应区和已燃区不断进行热质交换平衡的结果。如果吸热小于反应放热，火焰传播速度增加；反之，当超细水雾通入量增加到一定程度后，吸热大于放热，总体燃烧反应速率还是降低的，火焰传播速度受到抑制。结合本节对图 3-14 火焰传播速度曲线和图 3-17 火焰传播过程图片分析，体现了细水雾通入量对火焰结构以及火焰传播速度的影响。

（3）大尺度强湍流

在大尺度强湍流下，火焰锋面在强湍流脉动下变得更加弯折和褶皱，甚至变为不再连续的火焰面。进入燃烧区的新鲜混合气团在其表面进行湍流燃烧的同时，还向气流中扩散并燃烧，直到把气团燃烧完毕。因此，火焰传播是通过这些脉动的湍流气团燃烧来实现的。大尺度强湍流的火焰传播速度定义为湍流气团扩散速度 S_D 和层流火焰传播速度 S_L 之和，即：

$$S_T = S_D + S_L \tag{3-11}$$

根据达郎托夫湍流火焰传播理论，随着燃烧的进行，气团尺寸不断减小，火焰锋面的相对褶皱面积的增加量越来越小，可设定火焰向气团内部的传播速度随气团未燃部分尺寸的变化是线性的，即：

$$S_T = S_L + A\frac{\sqrt{2}\,w'}{\sqrt{\ln(1+\frac{w'}{S_L})}} \approx A\frac{\sqrt{2}\,w'}{\sqrt{\ln(1+\frac{w'}{S_L})}} \tag{3-12}$$

式中　　w'——脉动速度；

　　　　A——实验系数，接近于 1。

结合本书实验，在泄爆膜破裂之前，实际上没有产生大尺度湍流火焰；当泄爆膜破裂大量新鲜空气进入后，火焰的燃烧状态转为大尺度强湍流，改善了燃烧状态。但是当超细水雾超过一定质量浓度后，导致爆炸强度和火焰传播速度显著降低，虽然泄爆膜破裂后一部分水雾随火焰冲出管道，但仍有相当部分的雾滴穿过火焰锋面留在已燃区内，继续蒸发吸热，影响二次燃烧反应速率，从而降低了二次燃烧的灾害程度。

3.3.3　超细水雾对管道瓦斯爆炸压力的影响

3.3.3.1　超细水雾下管道瓦斯爆炸超压变化

图 3-19 是不同超细水雾下 9.5% 甲烷/空气预混气爆炸超压随时间的变化曲线。首先，

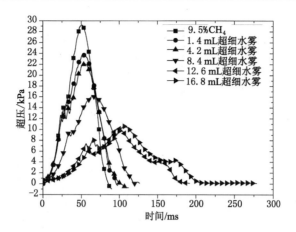

图 3-19 超细水雾作用下 9.5%甲烷/空气预混气爆炸超压随时间变化

随着超细水雾通入量的增加,其对爆炸超压的抑制效果并不是线性增长的,而是存在一个"平台期"。当超细水雾通入量小于 4.2 mL 时,爆炸超压曲线有小幅下降;当通入量增至8.4 mL 后,爆炸超压下降明显,表明只有当水雾通入量足够时,才能对爆炸反应速率产生显著影响,降低爆炸超压。当通入量增至 12.6 mL 时,爆炸超压曲线斜率明显缓和,但通入量继续增加至 16.8 mL 时,爆炸超压反而有少许上升。结合图 3-14 细水雾对爆炸火焰传播与火焰位置的影响,水雾量继续增加后,火焰传播速度仍在进一步下降,火焰位置也有延后,因此,可以认为超压的少许上升并不是燃烧反应增强的表现,而是水雾增加吸热膨胀的结果。

其次,超压曲线的峰值特征也发生了很大变化。例如在图 3-1(b)9.5%甲烷/空气预混气爆炸中,在 22 ms 左右,超压曲线有一段阶梯状上升过渡期,之后超压瞬间进入加速状态直至出现泄爆膜破裂,达到超压峰值。而在超细水雾作用下,在 1.4 mL 和 4.2 mL 水雾量下,超压曲线中的阶梯状过渡期更加明显;当水雾量超过 8.4 mL 时,超压曲线为"双峰"特征;当水雾量继续增加超过 12.6 mL 后,超压曲线为两边低中间高的"三峰",曲线斜率也有很大程度下降。主峰仍应该是泄爆膜破裂导致,第三峰是由于膜破之后,管内发生了二次燃烧导致超压又有所上升,但是由于泄压,最后压力又逐渐下降。这是由于大量水雾群分布于管道内,在火焰传播过程中,火焰锋面会不断接触到雾滴群,加上管道本身散热,管道内热平衡受到水雾、管壁、预混气多方影响,导致燃烧反应放热不断降低。

对比惰性气体抑制 9.5%甲烷/空气预混气爆炸超压曲线(图 3-11)可以发现,CO_2 抑制下在体积分数为 10%时出现了两边低中间高的"三峰"特征,在稀释体积分数超过 18%以后是小斜率"单峰",后期由于二次火焰,压力稍有浮动。N_2 在稀释体积分数超过 14%出现两边低中间高的"三峰"特征;而 He 和 Ar 是在稀释体积分数超过 18%后,超压曲线出现平行两峰和一个后期浮动峰的"三峰"特征。因此,可以认为"三峰"、小斜率"单峰"特征都体现了抑爆剂对 9.5%甲烷/空气预混气的抑制达到了一个良好的水平,小斜率"单峰"更好一些。

图 3-20 是不同超细水雾下 9.5%甲烷/空气预混气爆炸最大温度及来临时间与最大超压及来临时间比较。可以发现:最大超压与最大火焰温度随着水雾通入量的增加而下降的趋势有着很好的一致性。尤其是当水雾通入量达到 12.6 mL 后,最大超压为 10.13 kPa,最大火焰温度为 1 142 ℃,下降幅度最大。另外,最大超压来临时间稍早于最大火焰温度的来临时间,这是因为测试所采用的热电偶是接触式,其对火焰温度的测量有一个滞后。因此,

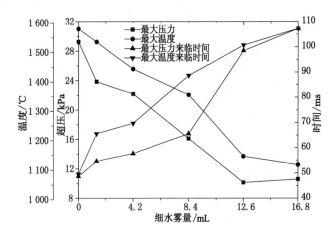

图 3-20　不同超细水雾作用下 9.5％甲烷/空气预混气爆炸火焰

最大温度及来临时间与最大超压及来临时间比较

基本上可以认为这两者同时达到了最佳的抑制效果。之后水雾量继续增加,整体抑制效果仍在增加,但最大超压和最大火焰温度变化幅度较小。

3.3.3.2　超细水雾下管道瓦斯爆炸最大压升速率变化

图 3-21 为超细水雾作用下管道瓦斯爆炸最大压升速率随通入量变化与拟合曲线,可以看出两者呈指数衰减函数关系,拟合公式为:

$$\left(\frac{\mathrm{d}p}{\mathrm{d}t}\right)_{\max} = 1.445\,67 \times \exp\left(-\frac{M}{4.014\,94}\right) + 0.004\,66 \tag{3-13}$$

其中　M——超细水雾通入量,mL。相关指数 $R^2 = 0.986\,25$,残差平方和为 0.004 66。

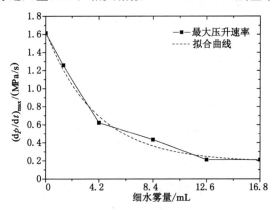

图 3-21　超细水雾作用下管道瓦斯爆炸最大压升速率随通入量变化与拟合曲线

结合图 3-15 超细水雾作用下最大火焰加速度与通入量的关系与拟合关系可以发现,最大压升速率的变化过程与最大火焰传播加速度的变化趋势一致,都随着稀释体积分数的增加呈近似指数衰减函数关系,体现了燃烧波与压力波之间的相互作用。另外,通过对比图 3-21 和图 3-15 还可以看出,通入 1.4 mL 的超细水雾时,由于水雾量很少,水雾膨胀引起的超压变化很小;但火焰传播速度对细水雾的加入比较敏感。随着水雾量的增加,细水雾的吸热和稀释作用明显增强,瓦斯爆炸放热得到有效控制,火焰传播速度和爆炸超压得到较好抑制。然而,当水雾量增加到一定程度后,由于水雾膨胀,管内最大压升速率反而有微弱上升,体现了细水雾抑爆的"平台效应"。因此,为了提高细水雾的抑爆效率,必须使水雾质量浓度达到一个相当高的水平,才能实现对瓦斯爆炸抑制的预期效果。

3.4　单一抑爆剂抑制效果比较

3.4.1　实验结果比较

3.4.1.1　惰性气体抑制瓦斯爆炸效果评价

在惰性气体作用下,9.5%甲烷/空气预混气爆炸火焰传播速度曲线在爆炸初期出现"滞涨期",且随着惰性气体体积分数的增加,"滞涨期"逐步延长。当 CO_2 的体积分数大于10%或其他三种惰性气体体积分数大于18%时,火焰传播速度曲线"双峰"特征消失,表现为"单峰"特征。同时,最大火焰传播速度逐渐减小,其峰值来临时间也逐步延迟。四种惰性气体中, CO_2 对火焰传播速度的抑制效果最好。 CO_2 和 N_2 分别在稀释体积分数增至14%和22%以后,火焰传播速度曲线基本呈水平缓慢增加态势,最大火焰传播速度分别维持在 $1.67\sim$ $3.45\ m/s$ 和 $3.25\sim4.15\ m/s$。但是随着 Ar 和 He 稀释体积分数的增加,火焰传播速度曲线没有出现缓慢增加的态势,最大火焰传播速度仍维持在 $6.81\sim8.172\ m/s$,明显大于 N_2 和 CO_2 抑制的情况。

从火焰温度上来讲,相比9.5%甲烷/空气预混气爆炸最大火焰温度 $1\ 575\ ℃$,在体积分数为20%的 CO_2 和26%的 N_2 作用下,最大火焰温度分别为 $1\ 232\ ℃$ 和 $1\ 256\ ℃$,而在体积分数为26%的 Ar 和 He 作用下,最大火焰温度为 $1\ 342\ ℃$ 和 $1\ 419\ ℃$,降温作用不明显。从火焰的颜色来看,纯9.5%甲烷/空气预混气爆炸点火初期为蓝色,随着燃烧的进行,变为明亮的或者是黄绿色、橘色、红色,代表了瓦斯爆炸火焰温度处于最剧烈的水平。在惰性气体作用下,随着稀释体积分数增加至相当高的程度后,火焰颜色由明亮的黄色、橘红色变为蓝色,甚至只有淡蓝色的火焰锋面。从火焰传播形状来看,在 N_2、He 和 Ar 作用下,火焰在传播过程中基本保持了比较对称的结构;而 CO_2 作用下,当稀释体积分数大于14%以后,火焰形状出现"蛇形"。

从爆炸超压来看,随着惰性气体稀释体积分数的增加,爆炸超压逐渐降低。在 N_2、He 和 Ar 作用下,稀释体积分数超过22%后,最大爆炸超压维持在 $8.13\sim8.74\ kPa$; CO_2 稀释体积分数达到20%,最大爆炸超压为 $7.46\ kPa$。在体积分数为10%的 CO_2 抑制下超压曲线出现了"三峰"特征,在稀释体积分数超过18%以后是小斜率"单峰"。而 N_2、He 和 Ar 在稀释体积分数超过14%或18%出现"三峰"特征。同时说明只有在较高的稀释浓度下,惰性气体才能对9.5%甲烷/空气预混气爆炸产生良好的抑爆效果。

综上,体积分数和种类是影响惰性气体抑爆效果的重要因素。随着惰性气体体积分数必须达到较高的惰化浓度后,火焰传播速度和超压才有比较显著的降低;而其对火焰温度的降低作用较弱。例如在四种惰性气体中, CO_2 对瓦斯爆炸的抑制效果最好,如果要实现对9.5%甲烷/空气预混气的完全惰化, CO_2 的体积分数应达到22%以上, N_2、He 和 Ar 的体积分数应达到28%以上。

3.4.1.2　超细水雾抑制瓦斯爆炸效果评价

随着超细水雾通入量的增加,其对9.5%甲烷/空气爆炸的抑制效果并不是线性增长的,而是存在一个"平台期"。从对火焰传播速度的抑制效果来看,当加入较少超细水雾时,例如 1.4 mL 和 4.2 mL,火焰传播速度就有了比较明显的降低;当水雾通入量超过 8.4 mL后,火焰传播速度曲线的第一峰值消失;但随着超细水雾通入量的增加,例如当超细水雾的通入量超过 12.6 mL 后,火焰传播速度没有出现明显下降,最大火焰传播速度仍维持在8.28~9.86 m/s。

从火焰温度上来讲,加入少量超细水雾,其对火焰的降温作用就比较明显,在超细水雾通雾量超过 12.6 mL 以后,最大火焰温度则降至 1 114 ℃。在超细水雾作用下,火焰在传播过程中出现明显的割裂火焰阵面和已燃区现象,这是由于雾滴分散在管道内,火焰阵面和已燃区被水雾分割以及雾滴降温不均匀导致,而水雾量则影响抑爆效果。另外,二次燃烧现象也比较明显,这是由于泄爆膜破裂后有相当一部分雾滴被冲出管道,二次燃烧发生后没有足够的水雾发挥冷却作用。

从爆炸超压上来讲,当超细水雾通入量小于 4.2 mL 时,爆炸超压曲线下降幅度较小;当通入量增至 8.4 mL 后,爆炸超压有明显下降;当通入量增至 12.6 mL 时,爆炸超压曲线斜率明显缓和,但通入量继续增加至 16.8 mL 时,爆炸超压反而有少许上升,最大爆炸超压保持在 10.12~10.58 kPa,体现了细水雾抑爆存在"平台效应"。当水雾量超过 8.4 mL 时,超压曲线为"双峰"特征;当水雾量超过 12.6 mL 后,超压曲线为"三峰"特征。

综上,水雾通入量(质量浓度)是影响超细水雾抑爆效果的重要因素。当超细水雾通入量增至 12.6 mL(质量浓度 1 041.7 g/m³)以上,其对瓦斯爆炸的最大火焰传播速度、最大火焰温度和最大超压的抑制能达到一个良好的水平;如果要实现对 9.5% 甲烷/空气预混气的完全抑制,细水雾通入量应超过 16.8 mL(质量浓度 1 388.9 g/m³)。

3.4.2 单一抑爆剂抑制爆炸机理比较

3.4.2.1 惰性气体抑制瓦斯爆炸机理

惰性稀释剂能够明显影响瓦斯爆炸,一方面是由于稀释效应,降低了可燃气和氧气的体积分数,导致燃烧速率下降;另一方面是稀释剂产生热分享效应,增加了可燃混合气的比热,降低了可燃混合气的热值,从而引起火焰温度和燃烧速率减少[36]。再者,依据分子碰撞理论,惰性气体在反应体系中作为稳定的第三体,与链反应中活化自由基或自由原子的碰撞并吸收其能量,增加了气相销毁概率,抑制了瓦斯爆炸反应链的进行。

Qiao[16]、贾宝山[45]、罗振敏[46] 等通过 Chemkin、Gaussian 等化学动力学软件进行模拟研究,结果表明 CO_2 对瓦斯爆炸的抑制还包括化学作用。根据甲烷爆炸反应链传递过程,关键的步骤是:

$$OH + CH_4 == CH_3 + H_2O \qquad (3\text{-}14)$$

$$H + CH_4 == CH_3 + H_2 \qquad (3\text{-}15)$$

$$O + CH_4 == OH + CH_3 \qquad (3\text{-}16)$$

加入 CO_2 后的反应链传递过程为:

$$O + CO + M == CO_2 + M \qquad (3\text{-}17)$$

$$O + HCO == H + CO_2 \qquad (3\text{-}18)$$

$$O + CH_2CO == CH_2 + CO_2 \qquad (3\text{-}19)$$

$$O + CO == CO_2 \qquad (3\text{-}20)$$

$$OH + CO == H + CO_2 \qquad (3\text{-}21)$$

$$H_2O + CO \Longrightarrow OH + CO_2 \tag{3-22}$$

$$CH + CO_2 \Longrightarrow HCO + CO \tag{3-23}$$

可见,由于 CO_2 本身就是甲烷爆炸反应的产物之一,添加 CO_2 可以影响反应进行方向,通过反应(3-18)、(3-21)、(3-22)转化为 CO,降低了维持瓦斯爆炸反应重要自由基 O、H 和 OH 的浓度,从而降低了瓦斯爆炸反应速率和燃烧速度。因此,CO_2 对瓦斯爆炸火焰传播的抑制效果最好。另外,四种惰性气体的导热系数满足:$\lambda_{He} > \lambda_{Ar} > \lambda_{N_2} > \lambda_{CO_2}$,因此,$CO_2$ 可以比 He 更有效地把火焰与未燃气体隔开。

3.4.2.2　细水雾抑制瓦斯爆炸机理

细水雾抑制爆炸是一个比较复杂的过程,涉及液滴随气相的运输、气液两相之间热质的交换以及化学动力学等。细水雾抑制瓦斯爆炸机理总体上存在物理作用和化学作用两个方面。主要表现为:

(1)由于水雾本身具有高热容(2 450 kJ/kg)的特点,雾滴穿过火焰锋面时会产生汽化吸热降温作用;同时雾滴蒸发引起体积膨胀,对火焰区及未燃气体产生隔氧窒息、稀释未燃气体、阻隔和衰减火焰热辐射的作用,降低火焰区和预热区的温度,达到抑制火焰传播的目的。

(2)由于细水雾雾滴群的分散性,火焰阵面在经过雾滴群时会产生火焰撕裂,火焰波被分隔成更小的单元,进一步加剧了雾滴与火焰面之间的传热、传质,削弱爆炸反应强度[125]。然而,如果细水雾通入量(或质量浓度)不足,则可能会有反效果,促进瓦斯爆炸[10,63,121]。

(3) Yoshida、Liang[83,88]等人通过 Chemkin 研究了细水雾对瓦斯爆炸反应的影响,发现加入 H_2O 后参与了爆炸反应,具体过程为:

$$2H + H_2O \Longrightarrow H_2 + H_2O \tag{3-24}$$

$$O_2 + CH_4 \Longrightarrow OH + CH_3O \tag{3-25}$$

$$H + O_2 \Longrightarrow O + OH \tag{3-26}$$

$$O + H_2O \Longrightarrow OH + OH \tag{3-27}$$

可以看出,水分子参与爆炸反应后,降低了活性程度最高的 H 的浓度,并作为第三体,增加了火焰中活性自由离子的气相销毁($H + OH + M \Longrightarrow H_2O + M$),使能量转移到水分子上,大大降低了支链的反应活性,不利于瓦斯爆炸反应的进行。但 Yoshida[83] 和 Lentati[82] 也指出水雾主要通过吸热冷却等物理作用抑制爆炸反应,而化学作用小于10%,但不可忽视。

3.4.3　讨论

综上,通过比较单一抑爆剂对瓦斯爆炸的抑制效果可以看出,惰性气体稀释体积分数、种类和细水雾通入量(质量浓度)是影响抑爆效果的主要因素。惰性气体稀释体积分数和超细水雾的通入量(质量浓度)越大,抑爆效果越好。从抑制机理上来讲,两者对瓦斯爆炸的抑制都存在稀释、吸热降温等物理作用和化学作用。从实验结果来看,惰性气体在对火焰传播速度、爆炸超压方面抑制效果优于超细水雾,尤其是 CO_2,但超细水雾对火焰温度的降温作用更明显。所以,两者在抑制瓦斯爆炸时各有优势。

3.5　本章小结

本章利用自制的管道瓦斯爆炸测试系统,研究了单一抑爆剂惰性气体、超细水雾作用下 9.5% 甲烷/空气预混气爆炸衰减特性,得出以下结论:

(1) 惰性气体能显著影响火焰传播速度,延迟火焰传播时间和爆炸超压。一方面,惰性气体稀释体积分数是影响抑制火焰传播的重要因素,稀释体积分数越高,抑制效果越好;另一方面,惰性气体种类对爆炸的抑制效果也有明显不同,由于 CO_2 有物理抑制和化学抑制作用,惰化能力最强。四种惰性气体对瓦斯爆炸火焰传播的惰化能力由高到低为 CO_2、N_2、Ar 和 He。

(2) 从火焰速度上来看,CO_2 稀释体积分数超过 14% 后,最大火焰传播速度就降至 3.45 m/s 左右,但在稀释体积分数超过 20% 后,最大爆炸超压为 7.46 kPa,最大火焰温度才降至 1 232 ℃,可见惰性气体的降温作用较弱。如果要实现对 9.5% 甲烷/空气预混气的完全惰化,CO_2 稀释体积分数应提高至 22% 以上,对于 N_2、He 和 Ar 稀释体积分数应提高至 28% 以上。

(3) 从火焰形状来看,随着惰性气体稀释体积分数的增加,火焰形状经历了点火初期的"半球形",火焰接触壁面后变为"指形"开始加速,泄爆膜破裂后变为"平面形"或"斜面形"直至最后变形冲出管道。在 N_2、He 和 Ar 作用下,火焰在传播过程中基本保持了比较对称的结构;而 CO_2 作用下,当稀释体积分数大于 14% 以后,火焰形状出现"蛇形"。火焰颜色也随着稀释体积分数的增加,由明亮的黄色、橘红色变为蓝色,甚至只有淡蓝色的火焰锋面。惰性气体作用下火焰结构没有明显分层,具有整体性。

(4) 通入量(质量浓度)是影响超细水雾抑制瓦斯爆炸效果的主要因素。水雾通入量超过 12.6 mL(1 041.7 g/m³)以后,抑制 9.5% 甲烷/空气预混气爆炸达到良好的抑制水平,最大爆炸超压保持在 10.12~10.58 kPa;最大火焰传播速度有明显下降,在 8.28~9.86 m/s,最大火焰温度在 1 110 ℃ 左右。在较低的水雾通入量下,由于火焰阵面和已燃区被水雾分隔和雾滴群降温不均匀,导致火焰形状图片中出现明显的胞格和分层现象。水雾量继续增加,整体抑制效果仍在增加,但最大超压、最大火焰传播速度和最大火焰温度提高幅度减小,体现出细水雾抑爆具有"平台效应"。如果要实现对 9.5% 甲烷/空气预混气的完全抑制,细水雾通入量应超过 16.8 mL(质量浓度 1 388.9 g/m³)。

(5) 从抑爆的效果来看,惰性气体在抑制火焰传播速度、爆炸超压方面效果较好,超细水雾抑制火焰温度的作用要大于惰性气体。然而,两者要实现对瓦斯爆炸的完全惰化都需要相当高的浓度。

4 气液两相介质抑制管道瓦斯爆炸衰减特性实验研究

通过前人研究可看出,气液两相介质协同抑爆是提高细水雾抑爆性能的新途径。然而,由于涉及的因素较多,影响协同抑爆效果的因素仍不甚清楚。为此,本章主要进行了气液两相介质抑制 9.5％甲烷/空气预混气爆炸实验测试研究,分析惰性气体种类、体积分数和超细水雾通入量对瓦斯爆炸协同抑爆规律的影响。

4.1 实验工况

由于在实验测试中,在 18％CO_2-12.6 mL 超细水雾作用下,9.5％甲烷/空气预混气无法点燃。因此,气液两相介质协同抑爆工况设计思路为:

(1)改变惰性气体的种类与体积分数,分析不同惰性气体种类与体积分数对管道瓦斯爆炸协同抑制效果的影响。惰性气体选取了氮气、二氧化碳、氦气和氩气四种,体积分数设计为 2％、6％、10％、14％、18％。

(2)改变超细水雾通入量,分析不同超细水雾通入量对协同抑爆效果的影响。超细水雾通入量分别设为 1.4 mL、4.2 mL、8.4 mL 和 12.6 mL,相应的超细水雾质量浓度为 115.7 g/m³、347.2 g/m³、694.4 g/m³ 和 1 041.7 g/m³。具体的实验工况如表 4-1 所示。

表 4-1　　　　实验工况设置

序号	工况	序号	工况	序号	工况	序号	工况
1	$N_2$2％-超细水雾 1.4 mL	21	$CO_2$2％-超细水雾 1.4 mL	41	He2％-超细水雾 1.4 mL	61	Ar2％-超细水雾 1.4 mL
2	$N_2$2％-超细水雾 4.2 mL	22	$CO_2$2％-超细水雾 4.2 mL	42	He2％-超细水雾 4.2 mL	62	Ar2％-超细水雾 4.2 mL
3	$N_2$2％-超细水雾 8.4 mL	23	$CO_2$2％-超细水雾 8.4 mL	43	He2％-超细水雾 8.4 mL	63	Ar2％-超细水雾 8.4 mL
4	$N_2$2％-超细水雾 12.6 mL	24	$CO_2$2％-超细水雾 12.6 mL	44	He2％-超细水雾 12.6 mL	64	Ar2％-超细水雾 12.6 mL
5	$N_2$6％-超细水雾 1.4 mL	25	$CO_2$6％-超细水雾 1.4 mL	45	He6％-超细水雾 1.4 mL	65	Ar6％-超细水雾 1.4 mL
6	$N_2$6％-超细水雾 4.2 mL	26	$CO_2$6％-超细水雾 4.2 mL	46	He6％-超细水雾 4.2 mL	66	Ar6％-超细水雾 4.2 mL

序号	工况	序号	工况	序号	工况	序号	工况
7	$N_2$6%-超细水雾 8.4 mL	27	$CO_2$6%-超细水雾 8.4 mL	47	He6%-超细水雾 8.4 mL	67	Ar6%-超细水雾 8.4 mL
8	$N_2$6%-超细水雾 12.6 mL	28	$CO_2$6%-超细水雾 12.6 mL	48	He6%-超细水雾 12.6 mL	68	Ar6%-超细水雾 12.6 mL
9	$N_2$10%-超细水雾 1.4 mL	29	$CO_2$10%-超细水雾 1.4 mL	49	He10%-超细水雾 1.4 mL	69	Ar10%-超细水雾 1.4 mL
10	$N_2$10%-超细水雾 4.2 mL	30	$CO_2$10%-超细水雾 4.2 mL	50	He10%-超细水雾 4.2 mL	70	Ar10%-超细水雾 4.2 mL
11	$N_2$10%-超细水雾 8.4 mL	31	$CO_2$10%-超细水雾 8.4 mL	51	He10%-超细水雾 8.4 mL	71	Ar10%-超细水雾 8.4 mL
12	$N_2$10%-超细水雾 12.6 mL	32	$CO_2$10%-超细水雾 12.6 mL	52	He10%-超细水雾 12.6 mL	72	Ar10%-超细水雾 12.6 mL
13	$N_2$14%-超细水雾 1.4 mL	33	$CO_2$14%-超细水雾 1.4 mL	53	He14%-超细水雾 1.4 mL	73	Ar14%-超细水雾 1.4 mL
14	$N_2$14%-超细水雾 4.2 mL	34	$CO_2$14%-超细水雾 4.2 mL	54	He14%-超细水雾 4.2 mL	74	Ar14%-超细水雾 4.2 mL
15	$N_2$14%-超细水雾 8.4 mL	35	$CO_2$14%-超细水雾 8.4 mL	55	He14%-超细水雾 8.4 mL	75	Ar14%-超细水雾 8.4 mL
16	$N_2$14%-超细水雾 12.6 mL	36	$CO_2$14%-超细水雾 12.6 mL	56	He14%-超细水雾 12.6 mL	76	Ar14%-超细水雾 12.6 mL
17	$N_2$18%-超细水雾 1.4 mL	37	$CO_2$18%-超细水雾 1.4 mL	57	He18%-超细水雾 1.4 mL	77	Ar18%-超细水雾 1.4 mL
18	$N_2$18%-超细水雾 4.2 mL	38	$CO_2$18%-超细水雾 4.2 mL	58	He18%-超细水雾 4.2 mL	78	Ar18%-超细水雾 4.2 mL
19	$N_2$18%-超细水雾 8.4 mL	39	$CO_2$18%-超细水雾 8.4 mL	59	He18%-超细水雾 8.4 mL	79	Ar18%-超细水雾 8.4 mL
20	$N_2$18%-超细水雾 12.6 mL	40	$CO_2$18%-超细水雾 12.6 mL	60	He18%-超细水雾 12.6 mL	80	Ar18%-超细水雾 12.6 mL

4.2 气液两相介质对瓦斯爆炸火焰传播特性的影响

4.2.1 气液两相介质对瓦斯爆炸火焰传播速度与位置的影响

图 4-1 是稀释体积分数为 2% 的四种惰性气体与不同超细水雾通入量下抑制 9.5% 甲烷/空气预混气爆炸火焰传播速度与位置曲线变化趋势。首先,相比纯细水雾工况,在 2% 惰性气体与 1.4 mL 超细水雾共同作用下,最大火焰传播速度表现出小幅度下降,其峰值来

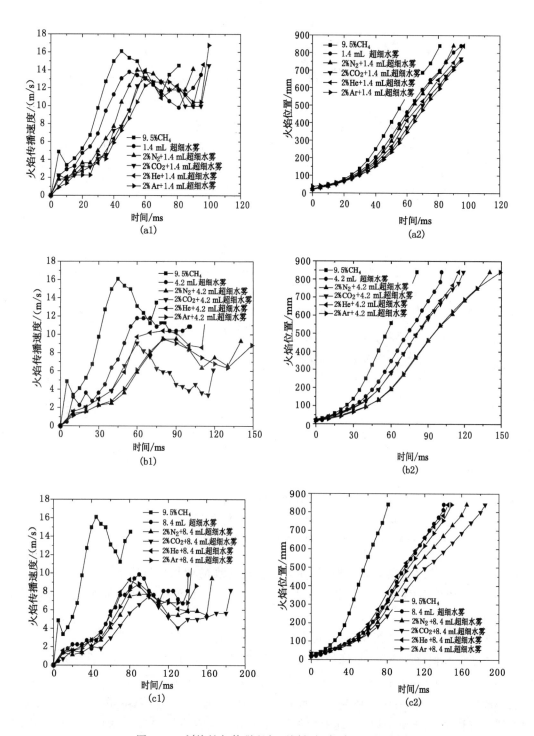

图 4-1 2%惰性气体稀释与不同超细水雾通入量共同

作用下 9.5%甲烷/空气预混气火焰传播速度与火焰位置

(a1) 1.4 mL 火焰传播速度;(a2) 1.4 mL 火焰位置;(b1) 4.2 mL 火焰传播速度;(b2) 4.2 mL 火焰位置;

(c1) 8.4 mL 火焰传播速度;(c2) 8.4 mL 火焰位置

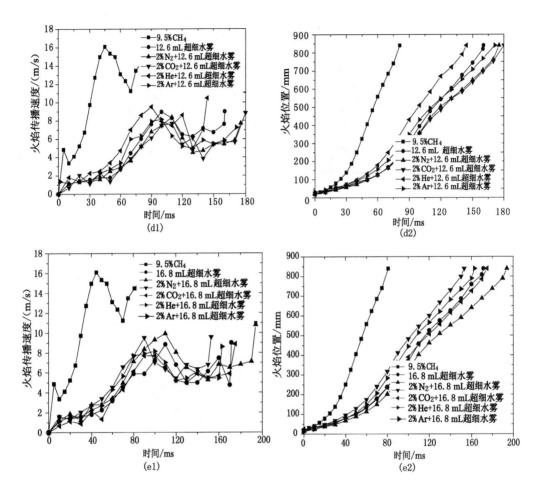

续图 4-1 2%惰性气体稀释与不同超细水雾通入量共同
作用下 9.5%甲烷/空气预混气火焰传播速度与火焰位置

(d1) 12.6 mL 火焰传播速度;(d2) 12.6 mL 火焰位置;(e1) 16.8 mL 火焰传播速度;(e2) 16.8 mL 火焰位置

临时间也有一定延迟。在爆炸初期,初期火焰传播速度的增长速度有所减缓,出现了 20～40 ms 的"滞涨期"[图 4-1(a1)],之后进入快速上升阶段,而对比纯细水雾作用时火焰传播速度曲线斜率要小。

其次,从图 4-1(a1)至图 4-1(e1)可以看出,在 2%惰性气体稀释下,随着水雾量的增加,火焰传播速度峰值逐渐下降,且峰值来临时间逐步延迟。此时由于仅加入了少量的惰性气体,抑爆中仍是细水雾发挥主要作用。在四种惰性气体中,CO_2-超细水雾对火焰传播的抑制效果最好,其他三种惰性气体与超细水雾对火焰传播的抑制程度基本相当。另外,水雾量增加到一定程度(8.4 mL)以后,气液两相介质抑制火焰传播的提高幅度有所减小,且逐步与纯细水雾作用下抑制水平趋于一致,体现出在较高的水雾浓度下,加入少量惰性气体作用不大,仍体现了水雾抑爆的"平台效应"。

再次,在 1.4 mL 和 4.2 mL 纯细水雾作用下[图 3-14(a)],爆炸初期的火焰加速十分明显,火焰传播曲线为"双峰"特征;直到通雾量增至 8.4 mL 以后,初期的火焰加速消失,才出现了明显的"滞涨期",火焰传播曲线变为"单峰"特征。这说明纯细水雾作用下,只有通过大量增加通雾量才能对火焰传播取得较好的抑制水平。然而,从图 4-1(a1)和图 4-1(b1)可以看出,在加入 2%惰性气体之后,在爆炸初期的火焰加速明显减缓,火焰传播曲线表现为"单峰"特征。这是由于惰性气体扩散性好,能提前稀释甲烷和氧的体积分数,直接影响了起爆火焰的速度与爆炸强度;当火焰穿越雾滴群时,雾滴蒸发吸热,又进一步影响了火焰传播,惰性气体与细水雾共同使用时起到了协同增效作用。

最后,从图 4-1(a2)至图 4-1(e2)可以看出,同在 2%惰性气体稀释情况下,随着细水雾通入量增加,火焰位置曲线"右斜"角度增加显著,但四种惰性气体的火焰位置曲线比较接近,此时气液两相介质的抑制作用以细水雾为主导。

图 4-2 是稀释体积分数为 6%的四种惰性气体与不同超细水雾通入量下 9.5%甲烷/空气预混气爆炸火焰传播速度与位置曲线变化趋势。从图 4-2(a1)至图 4-2(e1)可以看出,体积分数为 6%的惰性气体与超细水雾抑制 9.5%甲烷/空气预混气爆炸火焰传播速度的协同增效作用明显提高,"滞涨期"的维持时间延长至 40~60 ms。另外,从图 4-2 也可以看出,加入 6%的惰性气体后,四种惰性气体与超细水雾协同抑制火焰传播和火焰位置的差异也开

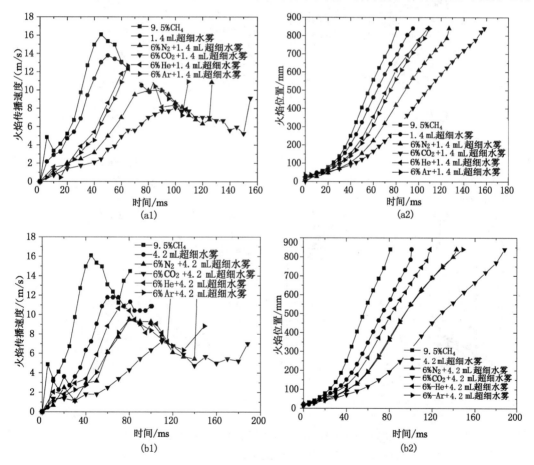

图 4-2 6%惰性气体稀释与不同超细水雾通入量共同作用下

抑制 9.5%甲烷/空气预混气爆炸火焰传播速度与火焰位置

(a1) 1.4 mL 火焰传播速度;(a2) 1.4 mL 火焰位置;(b1) 4.2 mL 火焰传播速度;(b2) 4.2 mL 火焰位置

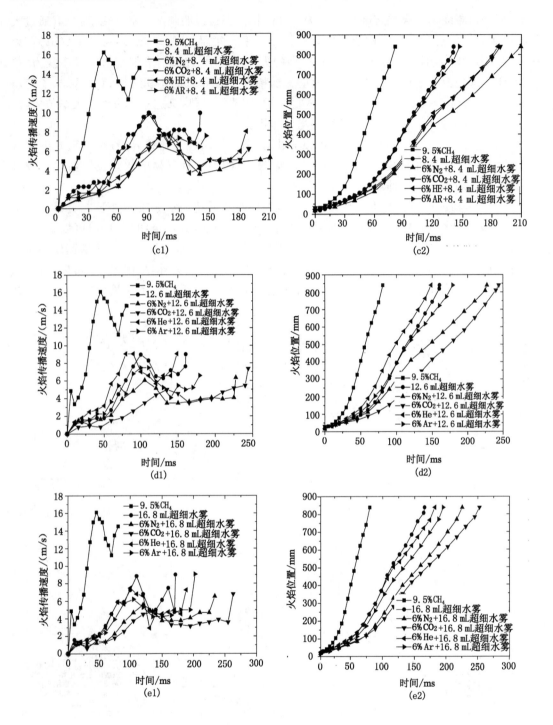

续图 4-2　6％惰性气体稀释与不同超细水雾通入量共同作用下
抑制 9.5％甲烷/空气预混气爆炸火焰传播速度与火焰位置

(c1) 8.4 mL 火焰传播速度；(c2) 8.4 mL 火焰位置；(d1) 12.6 mL 火焰传播速度；(d2) 12.6 mL 火焰位置；
(e1) 16.8 mL 火焰传播速度；(e2) 16.8 mL 火焰位置

始凸显,其中 CO_2-超细水雾对火焰传播的协同抑制效果最好,N_2,Ar 或 He 与超细水雾抑制瓦斯爆炸火焰传播的协同作用基本相当,时有交替,这可能是由于雾滴分布不均导致。这体现了在选择气相协同抑爆剂时,惰性气体的种类对协同抑爆效果的影响不容忽视。随着超细水雾通入量的增加,火焰位置曲线"右斜"角度增大,且在 8.4 mL 细水雾时开始出现"拐点"[图 4-2(c2)]。

图 4-3 和图 4-4 是体积分数为 10％、14％的四种惰性气体与不同超细水雾通入量下 9.5％甲烷/空气预混气爆炸火焰传播速度与位置曲线变化趋势。从图 4-3 和图 4-4 可以看出,在纯 1.4 mL 超细水雾作用下,最大火焰传播速度为 13.43 m/s;而在 10％的 N_2、CO_2、He、Ar 和 1.4 mL 超细水雾的协同作用下,最大火焰传播速度分别降至 9.056 m/s、4.167 6 m/s、11.55 m/s 和 9.51 m/s,下降幅度分别达 32.6％、69％、14％和 29.2％。当在 14％的 N_2、CO_2、He、Ar 和 1.4 mL 超细水雾的协同作用下,最大火焰传播速度则进一步分别降至 6.49 m/s、2.07 m/s、10.19 m/s 和 9.28 m/s,下降幅度分别达 51.7％、84.6％、24.1％和 30.9％,可以看出在 CO_2、N_2 与超细水雾协同作用下,最大火焰传播速度有大幅度下降。

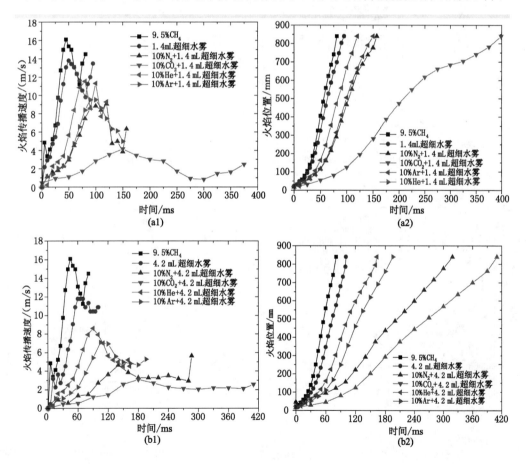

图 4-3　10％惰性气体稀释与不同超细水雾通入量共同作用下 9.5％甲烷/空气
预混气爆炸火焰传播速度与火焰位置
(a1) 1.4 mL 火焰传播速度;(a2) 1.4 mL 火焰位置;(b1) 4.2 mL 火焰传播速度;(b2) 4.2 mL 火焰位置

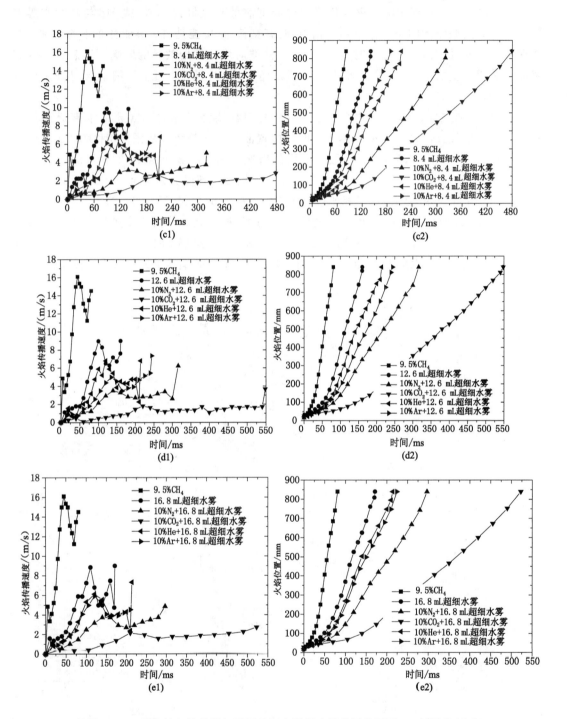

续图 4-3　10％惰性气体稀释与不同超细水雾通入量共同作用下 9.5％甲烷/空气
预混气爆炸火焰传播速度与火焰位置

(c1) 8.4 mL 火焰传播速度；(c2) 8.4 mL 火焰位置；(d1) 12.6 mL 火焰传播速度；(d2) 12.6 mL 火焰位置；
(e1) 16.8 mL 火焰传播速度；(e2) 16.8 mL 火焰位置

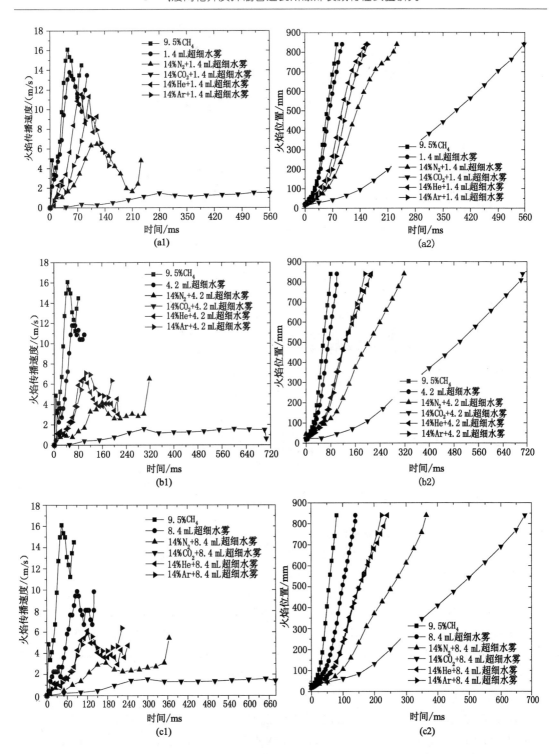

图 4-4　14％惰性气体稀释与不同超细水雾通入量共同作用下 9.5％甲烷/空气
预混气爆炸火焰传播速度与火焰位置

（a1）1.4 mL 火焰传播速度；（a2）1.4 mL 火焰位置；（b1）4.2 mL 火焰传播速度；（b2）4.2 mL 火焰位置；

（c1）8.4 mL 火焰传播速度；（c2）8.4 mL 火焰位置

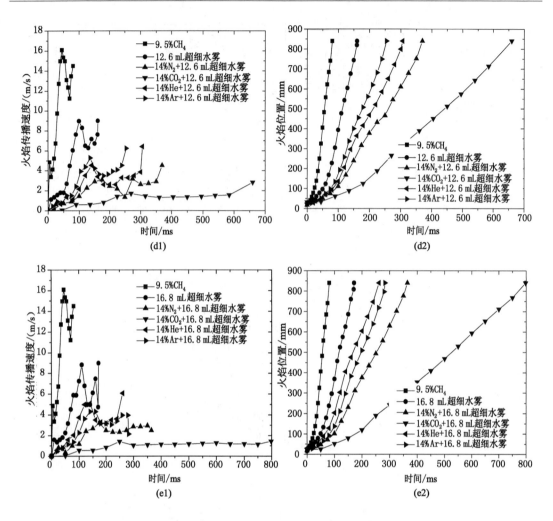

续图 4-4　14％惰性气体稀释与不同超细水雾通入量共同作用下 9.5％甲烷/空气
预混气爆炸火焰传播速度与火焰位置

(d1) 12.6 mL 火焰传播速度；(d2) 12.6 mL 火焰位置；(e1) 16.8 mL 火焰传播速度；(e2) 16.8 mL 火焰位置

同时,随着细水雾通入量的增加,火焰传播峰值的来临时间和火焰传播至出口的时间有明显推迟,但四种惰性气体与超细水雾协同抑制火焰传播和火焰位置的差别很大。例如在 10％、14％的 CO_2 与超细水雾通入作用下,无论水雾通入量的大小,火焰传播曲线变化趋势平缓,火焰到达出口的时间延长至 400～800 ms,其作用下 9.5％甲烷/空气预混气爆炸火焰位置曲线也出现了较大角度的"右斜",特别是体积分数为 10％的 CO_2 与 1.4 mL 超细水雾共同作用下,火焰位置曲线就提前出现"拐点",说明火焰在管道内的传播速度十分缓慢,体现出当 CO_2 的体积分数超过 10％后,其与超细水雾共同作用下对火焰传播就能保持良好的协同抑制效果。其他三种惰性气体与 4.2 mL 超细水雾作用下,火焰传播曲线的"滞涨期"维持时间延长至 60～90 ms,最大火焰传播速度有明显下降,火焰位置曲线"右斜"倾角增大,说明当稀释体积分数和细水雾量增至一定程度后,气液两相介质对瓦斯火焰传播的抑制水平有显著提高,突破了单一细水雾抑爆时的"平台效应";同时因惰性气体的惰化能力不同,导致惰性气体与超细水雾的协同作用出现较大差别。

还可以看出,在气液两相介质作用下,不但影响了初期火焰传播;泄爆膜破裂后,气液两相介质同样对二次火焰传播有着较好抑制效果,二次火焰传播速度远低于单一抑爆剂作用情况,有助于降低二次爆炸与燃烧灾害的致灾程度。

图 4-5 为稀释体积分数为 18% 的四种惰性气体与不同超细水雾通入量下 9.5% 甲烷/空气预混气爆炸火焰传播速度与位置曲线变化趋势。从图 4-5(a1) 至图 4-5(e1) 可以看出,在 18% 的惰性气体稀释体积分数下,随着细水雾通入量的增加,最大火焰传播速度及峰值来临时间进一步降低和推迟。尤其是在 18% 的 CO_2 与超细水雾作用下,火焰传播速度基本维持在水平缓慢增加态势,且当超细水雾通入量增至 12.6 mL 以后,预混气体无法点燃。在 18% 的 N_2 与超细水雾作用下,当细水雾通入量增至 4.2 mL 以后,火焰传播速度曲线也进入缓慢增加态势。而在 18% 的 He 或 Ar 与超细水雾作用下,则是当细水雾通入量增至 12.6 mL 以后,火焰传播速度曲线才进入水平缓慢增加态势。

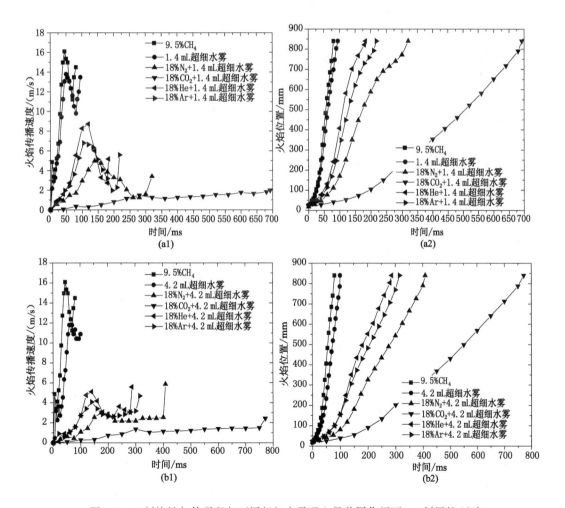

图 4-5　18% 惰性气体稀释与不同超细水雾通入量共同作用下 9.5% 甲烷/空气
预混气爆炸火焰传播速度与火焰位置

(a1) 1.4 mL 火焰传播速度;(a2) 1.4 mL 火焰位置;(b1) 4.2 mL 火焰传播速度;(b2) 4.2 mL 火焰位置

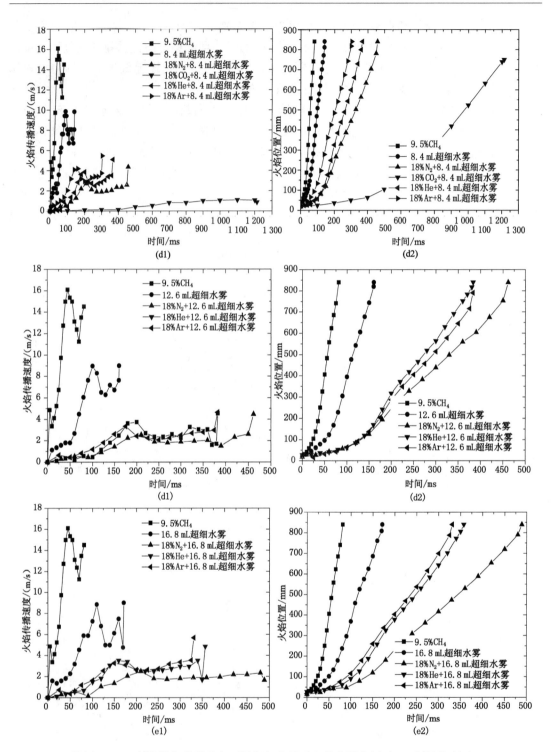

续图 4-5　18％惰性气体稀释与不同超细水雾通入量共同作用下 9.5％甲烷/空气
预混气爆炸火焰传播速度与火焰位置

(c1) 8.4 mL 火焰传播速度；(c2) 8.4 mL 火焰位置；(d1) 12.6 mL 火焰传播速度；(d2) 12.6 mL 火焰位置；
(e1) 16.8 mL 火焰传播速度；(e2) 16.8 mL 火焰位置

从图 4-5(a2)至图 4-5(e2)可以看出,在 18% 的惰性气体稀释体积分数下,随着细水雾通入量的增加,火焰传播至出口端的时间显著延迟。例如在体积分数为 18% 的 CO_2-8.4 mL 超细水雾协同作用下,火焰传播至出口端的时间延长至 1 213 ms;细水雾量继续增加至 12.6 mL,不能点着可燃预混气,说明火焰在管道内传播被完全抑制。在 18% 的其他三种惰性气体与超细水雾作用下,当细水雾通入量增至 12.6 mL,火焰位置曲线"右斜"角度更大。这些说明由于惰性气体体积分数已经处于一个比较高的惰化水平,气液两相介质对火焰传播的协同抑制作用远远优于纯细水雾抑制情况。

4.2.2　气液两相介质下瓦斯爆炸最大火焰传播速度的影响因素分析

为了对影响气液两相介质协同抑爆效果因素的作用进行评价,本书主要从惰性气体种类、稀释体积分数和细水雾通入量三个角度分析了其对气液两相介质抑制最大火焰传播速度、最大火焰温度和最大超压的协同规律,希望得到气液两相介质抑制瓦斯爆炸的最佳控制参数。

4.2.2.1　惰性气体种类与体积分数

由于惰性气体中 CO_2 抑制瓦斯爆炸的效果最好,因此,在这一节中,比较了惰性气体种类与稀释体积分数对气液两相介质抑制 9.5% 甲烷/空气预混气爆炸抑制效果的影响,并与单一抑爆剂 CO_2 的抑制情况进行了对比。

图 4-6 为惰性气体种类与稀释体积分数对气液两相介质抑制 9.5% 甲烷/空气预混气爆炸最大火焰传播速度的影响。首先,从整体上看,随着稀释体积分数的增加,四种惰性气体与超细水雾对最大火焰传播速度的协同抑制要明显优于单独使用惰性气体的工况。对于较低稀释体积分数的 N_2(14% 以下)、超细水雾通入量在 4.2 mL 以下的情况,最大火焰传播速度甚至明显低于同等稀释分数下 CO_2 的抑制效果。10% 以下稀释体积分数的 He 和 Ar 与通入量在 8.4 mL 以上超细水雾的协同作用下,最大火焰传播速度也低于同等稀释分数下 CO_2 的抑制效果。而 CO_2-超细水雾对最大火焰传播速度的协同抑制效果则远远优于 CO_2 单独作用情况,特别当 CO_2 稀释体积分数达到 18%、细水雾通入量达到 12.6 mL 后,实现了对可燃预混气的完全抑制。

其次,在较低的稀释体积分数下(2% 和 6%),加入少量细水雾后,最大火焰传播速就表现出较为明显的下降。例如,在 6%N_2/CO_2/He/Ar-超细水雾 1.4 mL 时,最大火焰传播速度分别为 9.96 m/s、8.07 m/s、12.9 m/s 和 12.68 m/s,比纯 6% 惰性气体作用时分别下降了 28.5%、44.5%、12.7% 和 16.7%。而当 CO_2 稀释体积分数增至 10%,且超细水雾通入量增至 4.2 mL 时,最大火焰传播速度为 3.09 m/s,比纯 10% CO_2 作用时下降了 80.75%。当 N_2/He/Ar 稀释体积分数增至 10%,且超细水雾通入量增至 8.4 mL 时,最大火焰传播速度分别为 3.08 m/s、5.53 m/s 和 5.89 m/s,比纯 14% 惰性气体作用时下降了 80.8%、65.6% 和 63.35%。这些说明惰性气体的稀释体积分数必须达到一定值,气液两相介质抑制瓦斯爆炸火焰传播的协同抑制作用才能得到显著提升。

再次,当稀释体积分数超过 14% 后,四种惰性气体与超细水雾下瓦斯爆炸最大火焰传播速度均有显著下降;但惰性气体种类对火焰传播的协同抑制效果影响有差别,CO_2 与超细水雾对火焰传播的协同抑制作用最佳,在稀释体积分数超过 10% 后便能与超细水雾表现出较好的抑制火焰传播效果。

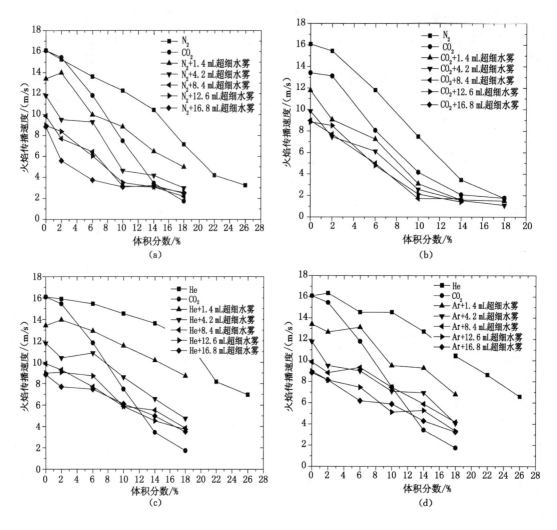

图 4-6　惰性气体种类与体积分数对 9.5％甲烷/空气预混气爆炸最大火焰传播速度的影响

4.2.2.2　超细水雾通入量

图 4-7 为不同细水雾通入量对气液两相介质抑制 9.5％甲烷/空气预混气爆炸最大火焰传播速度的影响。首先,对于纯细水雾作用工况,抑爆的"平台期"是在细水雾通入量增至 12.6 mL(质量浓度 1 041.7 g/m³)时开始出现。然而,在气液两相抑爆剂作用下,在较低的稀释体积分数和 1.4 mL 的超细水雾共同作用下,对最大火焰传播速度的抑制要优于细水雾单独作用的情况。随着细水雾通入量的增加,对于 CO_2,当稀释体积分数增至 10％,细水雾通入量增至 4.2 mL 后;对于 N_2,当稀释体积分数增至 14％,细水雾通入量增至 8.4 mL后,最大火焰传播速度有显著下降。甚至在 18％CO_2-12.6 mL 超细水雾作用下,实现了完全惰化 9.5％甲烷/空气预混气,说明气液两相抑爆剂弥补了各自的不足,提高了抑爆效果,突破了细水雾抑爆的"平台效应"。对于 He 和 Ar,当稀释体积分数增至 14％,细水雾通入量增至 8.4 mL 后,最大火焰传播速度有显著下降,之后细水雾量继续增加,最大火焰传播速度下降幅度提高不多,说明细水雾的通入量应达到 8.4 mL(质量浓度 694.4 g/m³),能保

证气液两相介质的协同抑爆效果达到较好的抑制水平。

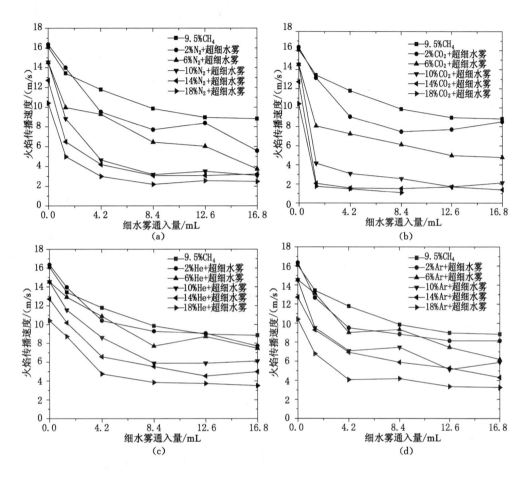

图 4-7　不同超细水雾通入量对 9.5％甲烷/空气预混气爆炸最大火焰传播速度的影响

　　表 4-2 至表 4-5 为不同细水雾通入量和惰性气体体积分数下气液两相介质抑制 9.5％甲烷/空气预混气爆炸最大火焰传播速度下降幅度对比。总体上来讲,在五种超细水雾工况下,最大火焰传播速度的降幅最大为 45.13％;在四种惰性气体单独作用下,只有 N_2 稀释体积分数超过 18％、CO_2 超过 10％、He 和 Ar 超过 26％以后,最大火焰传播速度的降幅超过 50％。然而,在气液两相介质作用下,在 N_2 稀释体积分数为 2％、细水雾量为 8.4 mL 时,最大火焰传播速度的降幅就达到了 52.16％;当惰性气体稀释体积分数 10％、细水雾量 4.2 mL 以后,最大火焰传播速度的降幅增至 70％以上。在 CO_2 稀释体积分数为 2％、细水雾量 8.4 mL 时,最大火焰传播速度的降幅就达到了 53.51％;CO_2 稀释体积分数为 14％、细水雾量 4.2 mL 以后,最大火焰传播速度的降幅增至 90％以上。He 和 Ar 在稀释体积分数超过 14％、细水雾量超过 8.4 mL 以后,最大火焰传播速度的降幅增至 60％以上。可见,在四种惰性气体与超细水雾协同作用下,火焰传播速度有显著降低,抑制效果远远好于单独抑爆剂作用的情况。

表 4-2　　不同雾通量和 N_2 体积分数影响气液两相抑爆剂抑制 9.5%甲烷/空气预混气爆炸最大火焰传播速度下降幅度对比

超细水雾量/mL	9.5% CH_4 火焰速度峰值/(m/s)	下降幅度/%	2% N_2+超细水雾火焰速度峰值/(m/s)	下降幅度/%	6% N_2+超细水雾火焰速度峰值/(m/s)	下降幅度/%	10% N_2+超细水雾火焰速度峰值/(m/s)	下降幅度/%	14% N_2+超细水雾火焰速度峰值/(m/s)	下降幅度/%	18% N_2+超细水雾火焰速度峰值/(m/s)	下降幅度/%
0	16.1	0	15.26	5.19	13.62	15.34	12.26	23.80	10.44	35.1	7.15	55.56
1.4	13.4	16.56	13.99	13.06	9.96	38.09	8.83	45.05	6.49	59.6	4.98	69.00
4.2	11.8	26.83	9.51	40.90	9.28	42.31	4.64	71.12	4.19	73.9	2.99	81.39
8.4	9.86	38.75	7.70	52.16	6.45	59.90	3.17	80.28	3.08	80.8	2.19	86.37
12.6	8.96	44.32	8.38	47.94	6.04	62.49	3.51	78.16	3.08	80.8	2.57	84.03
16.8	8.83	45.13	5.58	65.30	3.74	76.78	3.08	80.83	3.23	79.9	2.49	84.50

表 4-3　　不同雾通量和 CO_2 体积分数影响气液两相抑爆剂抑制 9.5%甲烷/空气预混气爆炸最大火焰传播速度下降幅度对比

超细水雾量/mL	9.5% CH_4 火焰速度峰值/(m/s)	下降幅度/%	2% CO_2+超细水雾火焰速度峰值/(m/s)	下降幅度/%	6% CO_2+超细水雾火焰速度峰值/(m/s)	下降幅度/%	10% CO_2+超细水雾火焰速度峰值/(m/s)	下降幅度/%	14% CO_2+超细水雾火焰速度峰值/(m/s)	下降幅度/%	18% CO_2+超细水雾火焰速度峰值/(m/s)	下降幅度/%
0	16.09	0	15.44	4.05	11.81	26.62	7.49	53.45	3.45	78.56	1.74	89.18
1.4	13.43	16.56	13.13	18.29	8.07	49.81	4.17	74.07	2.07	87.12	1.74	89.21
4.2	11.77	26.83	9.06	43.65	7.25	54.92	3.09	80.75	1.59	90.14	1.49	90.70
8.4	9.86	38.75	7.47	53.51	6.13	61.88	2.57	84.03	1.54	90.42	1.09	93.24
12.6	8.96	44.32	7.70	52.10	4.98	68.99	1.72	89.29	1.71	89.36		
16.8	8.83	45.13	8.51	47.05	4.79	70.19	2.14	86.71	1.40	91.27		

表 4-4　　不同雾通量和 He 体积分数影响气液两相抑爆剂抑制 9.5%甲烷/空气预混气爆炸最大火焰传播速度下降幅度对比

超细水雾量/mL	9.5% CH_4 火焰速度峰值/(m/s)	下降幅度/%	2% He+超细水雾火焰速度峰值/(m/s)	下降幅度/%	6% He+超细水雾火焰速度峰值/(m/s)	下降幅度/%	10% He+超细水雾火焰速度峰值/(m/s)	下降幅度/%	14% He+超细水雾火焰速度峰值/(m/s)	下降幅度/%	18% He+超细水雾火焰速度峰值/(m/s)	下降幅度/%
0	16.09	0	16.35	−1.6	14.53	9.69	14.53	9.69	12.71	20.98	10.41	35.28
1.40	13.43	16.56	13.94	13.24	12.90	19.69	11.55	28.15	10.19	36.60	8.72	45.76
4.20	11.77	26.83	10.41	35.19	10.87	32.37	8.60	46.46	6.57	59.14	4.75	70.41

超细水雾量/mL	9.5% CH₄火焰速度峰值/(m/s)	下降幅度/%	2% He+超细水雾火焰速度峰值/(m/s)	下降幅度/%	6% He+超细水雾火焰速度峰值/(m/s)	下降幅度/%	10% He+超细水雾火焰速度峰值/(m/s)	下降幅度/%	14% He+超细水雾火焰速度峰值/(m/s)	下降幅度/%	18% He+超细水雾火焰速度峰值/(m/s)	下降幅度/%
8.40	9.86	38.75	9.28	42.24	7.70	52.10	5.89	63.37	5.53	65.60	3.85	76.05
12.60	8.96	44.32	9.06	43.65	8.71	45.81	5.89	63.37	4.53	71.82	3.74	76.75
16.80	8.83	45.13	7.70	52.10	7.47	53.51	6.11	61.96	4.98	69.00	3.51	78.16

表 4-5　不同雾通量和 Ar 体积分数影响气液两相抑爆剂抑制 9.5% 甲烷/空气预混气爆炸最大火焰传播速度下降幅度对比

超细水雾量/mL	9.5% CH₄火焰速度峰值/(m/s)	下降幅度/%	2% Ar+超细水雾火焰速度峰值/(m/s)	下降幅度/%	6% Ar+超细水雾火焰速度峰值/(m/s)	下降幅度/%	10% Ar+超细水雾火焰速度峰值/(m/s)	下降幅度/%	14% Ar+超细水雾火焰速度峰值/(m/s)	下降幅度/%	18% Ar+超细水雾火焰速度峰值/(m/s)	下降幅度/%
0	16.09	0	16.35	−1.60	14.53	9.69	14.53	9.69	12.71	20.98	10.41	35.28
1.40	13.43	16.56	12.68	21.10	13.13	18.29	9.51	40.83	9.28	42.24	6.80	57.72
4.20	11.77	26.83	9.51	40.83	9.01	43.93	7.10	55.84	6.95	56.78	4.08	74.64
8.40	9.86	38.75	8.83	45.05	9.33	41.94	7.47	53.51	5.89	63.35	4.19	73.94
12.60	8.96	44.32	8.15	49.28	7.47	53.51	5.13	68.00	5.29	67.11	3.35	79.14
16.80	8.83	45.13	8.15	49.28	6.19	61.47	5.89	63.35	4.30	73.23	3.26	79.71

根据以上分析，为了达到对瓦斯爆炸火焰传播产生理想的抑制效果，气液两相介质的惰性气体体积分数与超细水雾通入量必须达到一定程度。根据本书的研究，对于 CO_2-超细水雾两相抑爆，CO_2 体积分数应达到 10%、细水雾通入量应达到 4.2 mL；对于 N_2、He 和 Ar 与超细水雾两相抑爆，稀释体积分数应大于 14%、细水雾通入量应大于 8.4 mL，才能对 9.5% 的甲烷/空气预混气爆炸火焰传播起到良好的抑制效果，N_2-超细水雾对瓦斯爆炸火焰传播的协同抑爆效果更好一些。在 18% CO_2-12.6 mL 超细水雾作用下，能完全惰化 9.5% 甲烷/空气预混气。

4.2.3　气液两相介质对瓦斯爆炸火焰最大温度的影响

图 4-8 为惰性气体种类、体积分数和细水雾通入量对气液两相介质抑制 9.5% 甲烷/空气预混气爆炸火焰最大温度的影响。对比单一抑制剂作用工况，CO_2 对火焰温度降温作用最好，在 18% CO_2 作用下，最大火焰温度为 1 246 ℃；在 16.8 mL 超细水雾作用下，最大火焰温度为 1 114 ℃。然而，在气液两相介质作用下，当 N_2、He 和 Ar 稀释体积分数为 14%、细水雾通入量为 8.4 mL 时，最大火焰温度在 870～903 ℃ 之间；在 10% CO_2-4.2 mL 超细水雾的协同作用下，最大火焰温度为 1 121 ℃，在 14% CO_2-8.4 mL 超细水雾的协同作用下，最大火焰温度降至 752 ℃，在 14% CO_2-16.8 mL 超细水雾作用下，最大火焰

温度仅为 586 ℃,而且当 CO_2 稀释体积分数增至 18%、细水雾量增至 12.6 mL 后,可燃混合气不能点燃。其他三种惰性气体与超细水雾对最大温度的抑制也要远远优于单独抑制剂作用的情况。

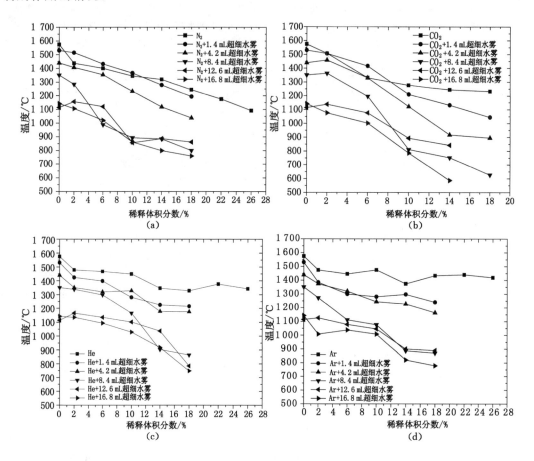

图 4-8　惰性气体种类、体积分数和细水雾通入量对气液两相介质抑制
9.5%甲烷/空气预混气爆炸火焰最大温度的影响

表 4-6 至表 4-9 为惰性气体种类、体积分数和细水雾通入量下气液两相介质抑制 9.5%甲烷/空气预混气爆炸最大火焰温度下降幅度对比。可以看出,在五种超细水雾和惰性气体稀释体积分数小于 18% 的工况下,最大火焰温度的降幅最大均不超过 30%。然而,在气液两相介质作用下,最大火焰温度的下降幅度有明显提高。例如在 N_2、He 或 Ar-超细水雾的稀释体积分数达到 14%、细水雾量达到 8.4 mL 以后,最大火焰温度的降幅超过 40%;稀释体积分数达到 18%、细水雾量达到 16.8 mL 以后,最大火焰温度的降幅超过 50%。而当 CO_2-超细水雾的 CO_2 稀释体积分数达到 14%、细水雾量达到 8.4 mL 以后,最大火焰温度的降幅超过 50%。可见,在气液两相介质作用下,大大降低了瓦斯爆炸热量,管道内火焰温度有了明显的下降,有利于降低瓦斯爆炸引发燃烧等二次灾害的致灾程度。

表 4-6 不同雾通量和 N_2 体积分数影响气液两相抑爆剂抑制 9.5％甲烷/空气预混气爆炸最大火焰温度下降幅度对比

超细水雾量/mL	9.5％ CH_4 火焰温度/℃	下降幅度/％	2％ N_2+超细水雾火焰温度/℃	下降幅度/％	6％ N_2+超细水雾火焰温度/℃	下降幅度/％	10％ N_2+超细水雾火焰温度/℃	下降幅度/％	14％ N_2+超细水雾火焰温度/℃	下降幅度/％	18％ N_2+超细水雾火焰温度/℃	下降幅度/％
0	1 575	0	1 437	8.76	1 400	11.11	1 344	14.67	1 319	16.25	1 244	21.02
1.4	1 531	2.79	1 515	3.81	1 432	9.08	1 366	13.27	1 279	18.79	1 193	24.25
4.2	1 439	8.63	1 407	10.67	1 354	14.03	1 232	21.78	1 118	29.02	1 038	34.10
8.4	1 351	14.22	1 284	18.48	988	37.27	893	43.3	885	43.81	800	49.21
12.6	1 114	29.27	1 156	26.60	1 120	28.89	857	45.59	887	43.68	862	45.27
16.8	1 142	27.49	1 106	29.78	1 020	35.24	862	45.27	799	49.27	760	51.75

表 4-7 不同雾通量和 CO_2 体积分数影响气液两相抑爆剂抑制 9.5％甲烷/空气预混气爆炸最大火焰温度下降幅度对比

超细水雾量/mL	9.5％ CH_4 火焰温度/℃	下降幅度/％	2％ CO_2+超细水雾火焰温度/℃	下降幅度/％	6％ CO_2+超细水雾火焰温度/℃	下降幅度/％	10％ CO_2+超细水雾火焰温度/℃	下降幅度/％	14％ CO_2+超细水雾火焰温度/℃	下降幅度/％	18％ CO_2+超细水雾火焰温度/℃	下降幅度/％
0	1 575	0.00	1 531	2.79	1 439	8.64	1 351	14.22	1 114	29.27	1 142	27.49
1.4	1 531	2.79	1 506	4.38	1 416	10.10	1 210	23.18	1 131	28.19	1 044	33.71
4.2	1 439	8.63	1 459	7.37	1 330	15.56	1 121	28.83	917	41.78	895	43.18
8.4	1 351	14.22	1 363	13.46	1 196	24.06	811	48.51	752	52.25	626	60.25
12.6	1 114	29.27	1 138	27.75	1 076	31.68	893	43.30	842	46.54		
16.8	1 142	27.49	1 076	31.68	1 002	36.38	786	50.10	586	62.79		

表 4-8 不同雾通量和 He 体积分数影响气液两相抑爆剂抑制 9.5％甲烷/空气预混气爆炸最大火焰温度下降幅度对比

超细水雾量/mL	9.5％ CH_4 火焰温度/℃	下降幅度/％	2％ He+超细水雾火焰温度/℃	下降幅度/％	6％ He+超细水雾火焰温度/℃	下降幅度/％	10％ He+超细水雾火焰温度/℃	下降幅度/％	14％ He+超细水雾火焰温度/℃	下降幅度/％	18％ He+超细水雾火焰温度/℃	下降幅度/％
0	1 575	0	1 478	6.16	1 467	6.86	1 449	8.00	1 346	14.54	1 328	15.68
1.4	1 531	2.79	1 424	9.59	1 398	11.24	1 280	18.73	1 225	22.22	1 215	22.86
4.2	1 439	8.63	1 351	14.22	1 320	16.19	1 328	15.68	1 178	25.21	1 175	25.40

超细水雾量/mL	9.5% CH4火焰温度/℃	下降幅度/%	2% He+超细水雾火焰温度/℃	下降幅度/%	6% He+超细水雾火焰温度/℃	下降幅度/%	10% He+超细水雾火焰温度/℃	下降幅度/%	14% He+超细水雾火焰温度/℃	下降幅度/%	18% He+超细水雾火焰温度/℃	下降幅度/%
8.4	1 351	14.22	1 338	15.05	1 298	17.59	1 165	26.03	903	42.67	863	45.21
12.6	1 114	29.27	1 165	26.03	1 135	27.94	1 101	30.10	1 036	34.22	784	50.22
16.8	1 142	27.49	1 135	27.94	1 093	30.60	1 028	34.73	918	41.71	748	52.51

表 4-9 不同雾通量和 Ar 体积分数影响气液两相抑爆剂抑制 9.5%甲烷/空气预混气爆炸最大火焰温度下降幅度对比

超细水雾量/mL	9.5% CH4火焰温度/℃	下降幅度/%	2% Ar+超细水雾火焰温度/℃	下降幅度/%	6% Ar+超细水雾火焰温度/℃	下降幅度/%	10% Ar+超细水雾火焰温度/℃	下降幅度/%	14% Ar+超细水雾火焰温度/℃	下降幅度/%	18% Ar+超细水雾火焰温度/℃	下降幅度/%
0	1 575	0	1 474	6.41	1 445	8.25	1 475	6.35	1 374	12.76	1 433	9.02
1.4	1 531	2.79	1 385	12.06	1 300	17.46	1 280	18.73	1 297	17.65	1 240	21.27
4.2	1 439	8.63	1 374	12.76	1 320	16.19	1 244	21.02	1 227	22.10	1 163	26.16
8.4	1 351	14.22	1 272	19.24	1 111	29.46	1 076	31.68	887	43.68	870	44.76
12.6	1 114	29.27	1 125	28.57	1 078	31.56	1 046	33.59	900	42.86	889	43.56
16.8	1 142	27.49	1 008	36.00	1 038	34.10	1 008	36.00	820	47.94	778	50.60

4.2.4 气液两相介质对瓦斯爆炸火焰传播形状的影响

图 4-9 是不同 N_2 稀释体积分数与超细水雾通入量下 9.5%甲烷/空气预混气爆炸火焰传播过程的火焰图片。可以发现：首先，在 N_2 同一稀释体积分数下，随着细水雾通入量的增加，点火初期的"半球形"火焰的面积逐渐变小，颜色也逐渐变淡；火焰传播至出口端的时间逐渐增加，这与纯细水雾作用下火焰传播过程的变化类似。而特殊的是，在 N_2-超细水雾的共同作用下，当添加少量 N_2 后[2%、6%，即图 4-9(a)～(h)]，相比原来在 1.4 mL 和 4.2 mL 时细水雾作用下的火焰图片，初期火焰结构中的胞格数量有明显减少。在 N_2 稀释体积分数大于 10%、细水雾通入量大于 4.2 mL 的工况下，可以看出火焰传播图片中没有胞格存在。根据文献[63]，当火焰锋面穿过雾滴群时，会被撕裂成多个区域，并诱发火焰湍流，增加火焰面积。在气液两相介质的作用下，由于惰性气体在管道中扩散比细水雾雾滴更快，分布也更均匀，惰性气体作为稳定的惰性体，增加了瓦斯爆炸链反应中活性成分的销毁概率，最终造成火焰传播速度大为降低；当火焰锋面再次遇到雾滴群时，引发的湍流强度势必降低，也就减低了水雾群对火焰阵面的扰动程度；同时，细水雾的蒸发又降低了火焰锋面的温度，燃烧反应速度进一步降低。因此，在惰性气体和超细水雾协同作用下产生了良好的抑爆效果。

其次，从火焰形状上看，在气液两相介质作用下，随着细水雾量的增加，火焰形状也经历了从"半球形"到"指形",再到"斜面形"。而当 N_2 的体积分数超过 10%、细水雾通入量超过 $4.2\ mL$ 时,在大量雾滴的拥塞和降温作用下,引起管道下半部火焰传播速度小于上部的火焰传播速度,在火焰传播后期,使火焰由对称结构变为不对称的"蛇形"结构。

Ponizy[126] 解释闭口管道内"郁金香"火焰形成原因时,提出当火焰锋面受到壁面冷却

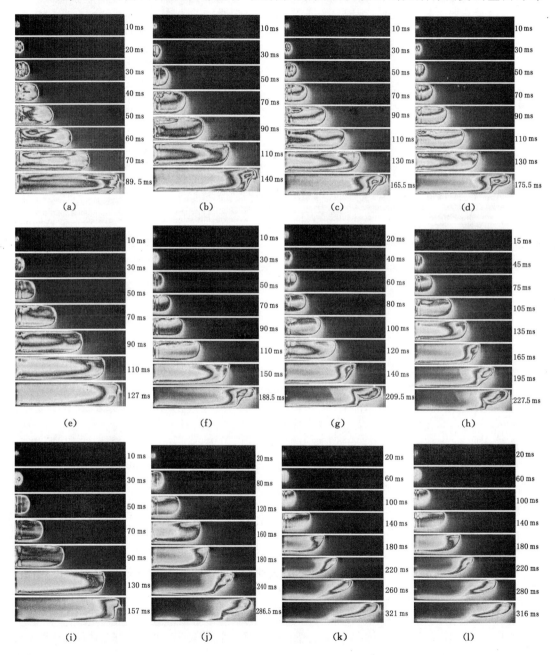

图 4-9　不同 N_2 稀释体积分数与超细水雾通入量下 9.5% 甲烷/空气预混气爆炸火焰传播过程

(a) $N_2\,2\%$-$1.4\ mL$;(b) $N_2\,2\%$-$4.2\ mL$;(c) $N_2\,2\%$-$8.4\ mL$;(d) $N_2\,2\%$-$12.6\ mL$;

(e) $N_2\,6\%$-$1.4\ mL$;(f) $N_2\,6\%$-$4.2\ mL$;(g) $N_2\,6\%$-$8.4\ mL$;(h) $N_2\,6\%$-$12.6\ mL$;

(i) $N_2\,10\%$-$1.4\ mL$;(j) $N_2\,10\%$-$4.2\ mL$;(k) $N_2\,10\%$-$8.4\ mL$;(l) $N_2\,10\%$-$12.6\ mL$

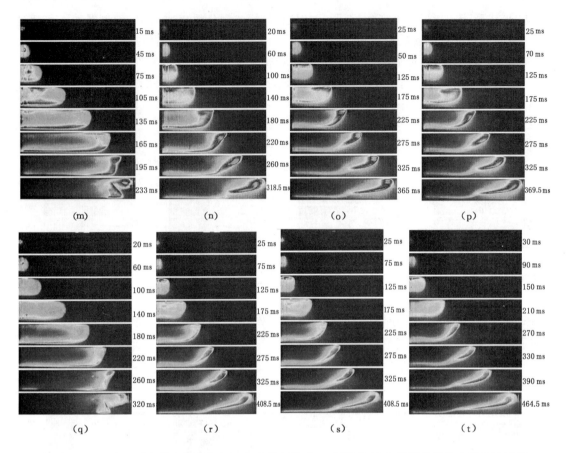

续图 4-9　不同 N_2 稀释体积分数与超细水雾通入量下 9.5％甲烷/空气预混气爆炸火焰传播过程

(m) $N_2$14％-1.4 mL；(n) $N_2$14％-4.2 mL；(o) $N_2$14％-8.4 mL；(p) $N_2$14％-12.6 mL；

(q) $N_2$18％-1.4 mL；(r) $N_2$18％-4.2 mL；(s) $N_2$18％-8.4 mL；(t) $N_2$18％-12.6 mL

时,产生膨胀波,激发了火焰与声波(压力波)的相互作用;Searby、郑立刚等人[127,128]提出,火焰前沿与声波相互作用,使压力能转化为流体动能,火焰锋面具有更高的流速,进而诱发湍流和火焰加速。通过这些研究可以发现,火焰在管道内形成传播加速的主要原因是火焰锋面受到周围管壁的约束,产生了压力波,这个压力波从结构上是对称的,势必加大对已燃气体的压缩,从而加快了火焰锋面周围已燃气体和未燃气体的传热与传质进程。因此,可以认为在没有障碍物的受限空间内,结构对称的火焰更有利于实现加速。而在气液两相介质作用下,产生了"斜面形"、"蛇形"等不对称的火焰结构,这种不对称火焰会引起管道内产生不对称的压力波,进而大大削弱对未燃气体的压缩,影响火焰波与压力波之间相互耦合诱发火焰加速机制的形成,导致火焰传播速度也大大降低。

图 4-10 是不同 CO_2 稀释体积分数与超细水雾通入量下 9.5％甲烷/空气预混气爆炸火焰传播过程的火焰图片。可以看出,当 CO_2 稀释体积分数大于 10％以后,CO_2-超细水雾对火焰传播过程的抑制效果十分明显。一方面,随着细水雾量和稀释体积分数的增加,火焰传播至出口端的时间显著延迟,例如在 10％CO_2-1.4 mL 超细水雾作用下,火焰传播时间为 397 ms,比纯细水雾作用下延长了约 317.9％;当增至 18％CO_2-1.4 mL 超细水雾作用下,火焰传播时间

为 692.5 ms,比纯细水雾作用下延长了约 682.9％。另一方面,在较低的稀释体积分数下,火焰传播过程中火焰图片颜色为橙红色,最终的火焰形状为"斜面形";当稀释体积分数大于 14％以后,火焰前锋颜色变为蓝色,大部分已燃区颜色变暗蓝或成黑色,最终的火焰形状为细长的"蛇形"。根据前面对火焰颜色和火焰形状结构的分析,说明在 CO_2 稀释体积分数达到一定程度后,对瓦斯爆炸火焰传播抑制效果良好。还有值得说明的一点是,在 18％CO_2-8.4 mL 细水雾工况下,由于火焰传播时间较长和高速相机内存限制,整个火焰传播过程没有拍完。总之,CO_2-超细水雾的协同抑制作用下,对管道内气体的整体温度和火焰传播速度均表现了良好的抑制效果,明显优于其他三种惰性气体与超细水雾的协同抑制效果。

图 4-11 和图 4-12 是不同 He/Ar 稀释体积分数与超细水雾通入量下 9.5％甲烷/空气预混气爆炸火焰传播过程的火焰图片。可以看出随着稀释体积分数和细水雾通入量的增

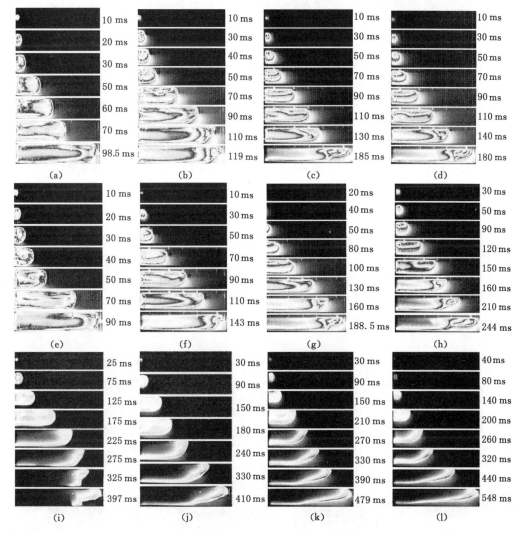

图 4-10　不同 CO_2 稀释体积分数与超细水雾通入量下 9.5％甲烷/空气预混气爆炸火焰传播过程
(a) CO_2 2％-1.4 mL;(b) CO_2 2％-4.2 mL;(c) CO_2 2％-8.4 mL;(d) CO_2 2％-12.6 mL;
(e) CO_2 6％-1.4 mL;(f) CO_2 6％-4.2 mL;(g) CO_2 6％-8.4 mL;(h) CO_2 6％-12.6 mL;
(i) CO_2 10％-1.4 mL;(j) CO_2 10％-4.2 mL;(k) CO_2 10％-8.4 mL;(l) CO_2 10％-12.6 mL

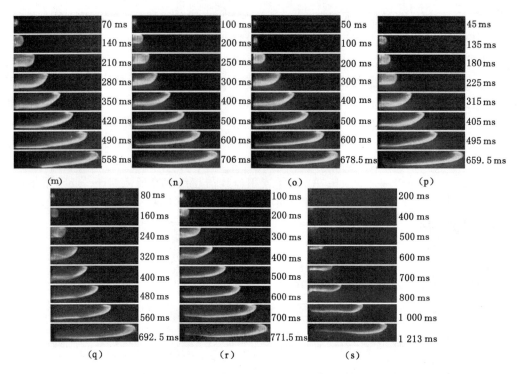

续图 4-10 不同 CO_2 稀释体积分数与超细水雾通入量下 9.5％甲烷/空气预混气爆炸火焰传播过程

(m) $CO_2$14％-1.4 mL；(n) $CO_2$14％-4.2 mL；(o) $CO_2$14％-8.4 mL；(p) $CO_2$14％-12.6 mL；

(q) $CO_2$18％-1.4 mL；(r) $CO_2$18％-4.2 mL；(s) $CO_2$18％-8.4 mL

加,火焰传播至出口的时间也有显著推迟。火焰形状的变化过程和 N_2-超细水雾作用下类似,主要经历了"半球形"到"指形"的初期火焰加速,泄爆膜破裂之后,大量空气进入,二次火焰形成;但是由于气液两相介质的存在对二次火焰传播仍起到了较好的抑制效果,最后火焰以"斜面形"或"蛇形"冲出泄爆口。总体来讲,这两种惰性气体与超细水雾对瓦斯爆炸火焰传播的协同抑制作用大致相当。

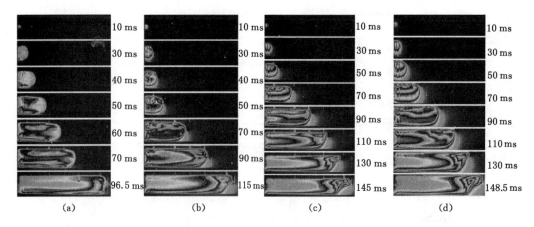

图 4-11 不同 He 稀释体积分数与超细水雾通入量下 9.5％甲烷/空气预混气爆炸火焰传播过程

(a) He2％-1.4 mL；(b) He2％-4.2 mL；(c) He2％-8.4 mL；(d) He2％-12.6 mL

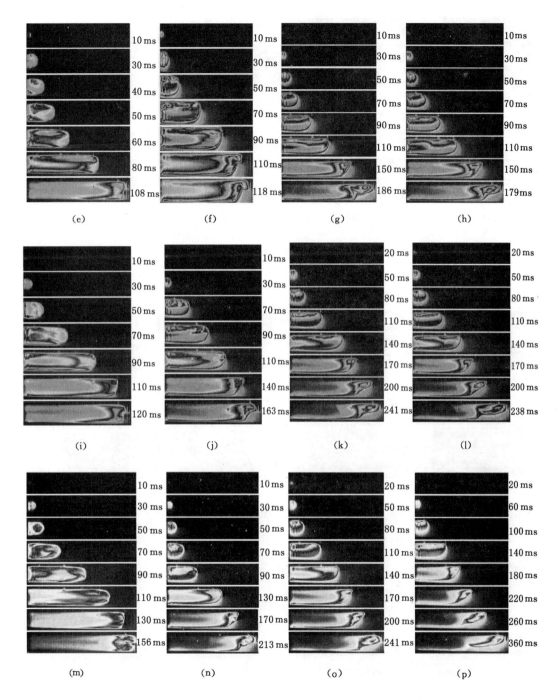

续图 4-11　不同 He 稀释体积分数与超细水雾通入量下 9.5％甲烷/空气预混气爆炸火焰传播过程

(e) He6％-1.4 mL；(f) He6％-4.2 mL；(g) He6％-8.4 mL；(h) He6％-12.6 mL；

(i) He10％-1.4 mL；(j) He10％-4.2 mL；(k) He10％-8.4 mL；(l) He10％-12.6 mL；

(m) He14％-1.4 mL；(n) He14％-4.2 mL；(o) He14％-8.4 mL；(p) He14％-12.6 mL

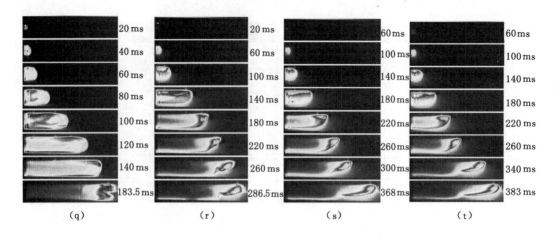

续图 4-11　不同 He 稀释体积分数与超细水雾通入量下 9.5％甲烷/空气预混气爆炸火焰传播过程

(q) He18％-1.4 mL；(r) He18％-4.2 mL；(s) He18％-8.4 mL；(t) He18％-12.6 mL

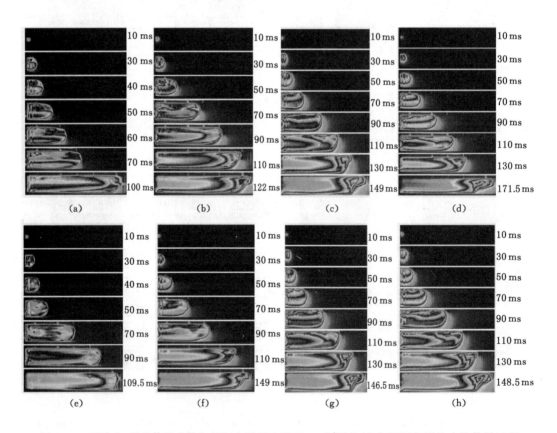

图 4-12　不同 Ar 稀释体积分数与超细水雾通入量下 9.5％甲烷/空气预混气爆炸火焰传播过程

(a) Ar2％-1.4 mL；(b) Ar2％-4.2 mL；(c) Ar2％-8.4 mL；(d) Ar2％-12.6 mL；

(e) Ar6％-1.4 mL；(f) Ar6％-4.2 mL；(g) Ar6％-8.4 mL；(h) Ar6％-12.6 mL

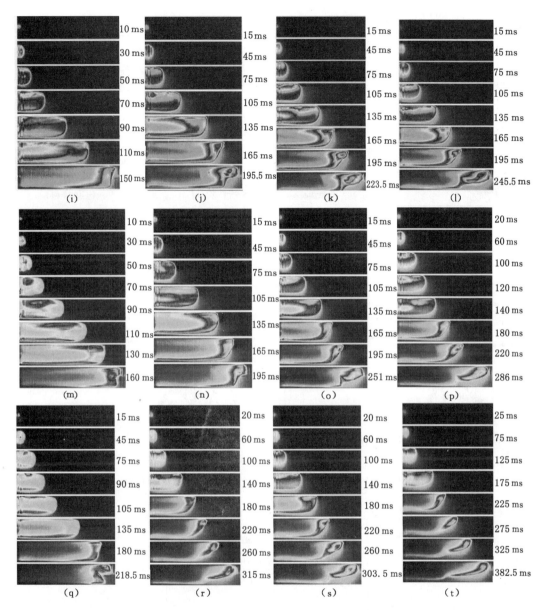

续图 4-12　不同 Ar 稀释体积分数与超细水雾通入量下 9.5％甲烷/空气预混气爆炸火焰传播过程
(i) Ar10％-1.4 mL;(j) Ar10％-4.2 mL;(k) Ar10％-8.4 mL;(l) Ar10％-12.6 mL;
(m) Ar14％-1.4 mL;(n) Ar14％-4.2 mL;(o) Ar14％-8.4 mL;(p) Ar14％-12.6 mL;
(q) Ar18％-1.4 mL;(r) Ar18％-4.2 mL;(s) Ar18％-8.4 mL;(t) Ar18％-12.6 mL

4.3　气液两相介质对瓦斯爆炸压力的影响

4.3.1　气液两相介质下瓦斯爆炸压力变化分析

　　图 4-13 和图 4-14 是 2％、6％惰性气体稀释与不同超细水雾通入量下抑制 9.5％甲烷/空气预混气爆炸超压曲线变化趋势。首先,气液两相介质对 9.5％甲烷/空气预混气爆炸超

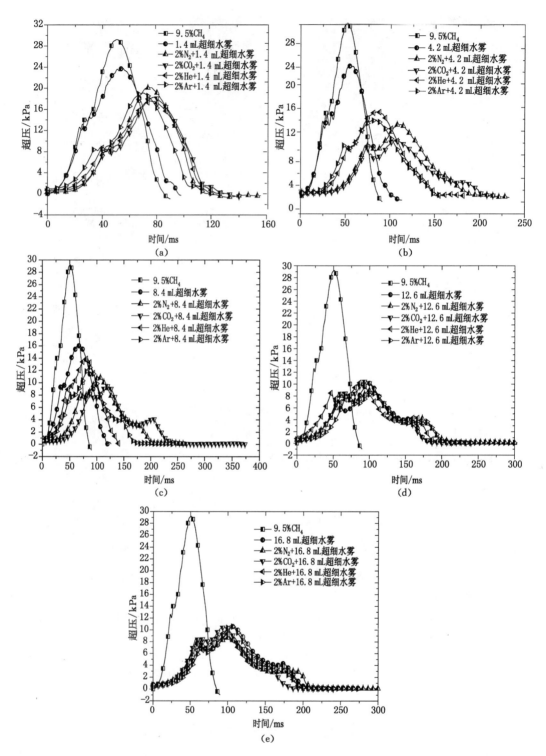

图 4-13 2％惰性气体稀释与不同超细水雾通入量抑制 9.5％甲烷/空气预混气爆炸超压曲线

(a) 1.4 mL；(b) 4.2 mL；(c) 8.4 mL；(d) 12.6 mL；(e) 16.8 mL

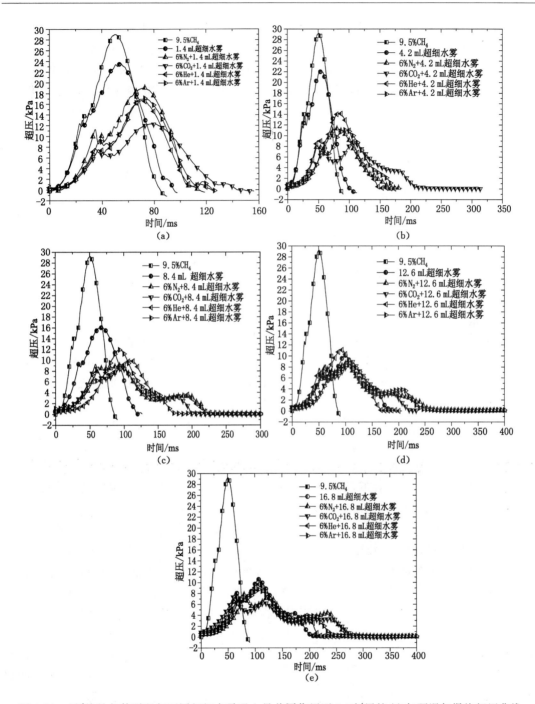

图 4-14　6％惰性气体稀释与不同超细水雾通入量共同作用下 9.5％甲烷/空气预混气爆炸超压曲线

(a) 1.4 mL;(b) 4.2 mL;(c) 8.4 mL;(d) 12.6 mL;(e) 16.8 mL

压的抑制作用要明显优于纯细水雾工况。尤其是添加少量惰性气体后,爆炸超压下降呈现了明显的整体缓和趋势。例如,1.4 mL 超细水雾分别与2％的 N_2、CO_2、He 和 Ar 共同作用下,爆炸超压峰值分别为 20.12 kPa、18.276 kPa、17.58 kPa、19.074 kPa,相对于 1.4 mL 超细水雾单独作用时分别下降了 15.6％、23.36％、26.3％、20％。1.4 mL 超细水雾分别与

6％的 N_2、CO_2、He 和 Ar 共同作用下,爆炸超压峰值分别为 19.31 kPa、12.54 kPa、16.93 kPa、17.36 kPa,相对于 1.4 mL 超细水雾单独作用时分别下降了 19％、47.4％、29％、27％。而在 4.2 mL 超细水雾分别与 2％的 N_2、CO_2、He 和 Ar 共同作用下,爆炸超压峰值分别为 12.07 kPa、9.38 kPa、14.17 kPa、12.86 kPa,相对于 4.2 mL 超细水雾单独作用时分别下降了 45.6％、57.7％、36.1％、42％。同时,气液两相介质作用下,超压峰值的来临时间也有明显推迟。例如,1.4 mL 超细水雾分别与 2％的 N_2、CO_2、He 和 Ar 共同作用下,爆炸超压峰值来临时间分别为 75.93 ms、77.47 ms、75.26 ms 和 69.8 ms,相对于 1.4 mL 超细水雾单独作用时分别推迟了 38.9％、42.5％、37.7％、27.7％。4.2 mL 超细水雾分别与 2％的 N_2、CO_2、He 和 Ar 共同作用下,爆炸超压峰值来临时间分别为 107.27 ms、104.13 ms、86.73 ms 和 82.47 ms,相对于 4.2 mL 超细水雾单独作用时分别推迟了 85.8％、80.4％、50.2％、42.9％。这些说明在较低的惰性气体稀释体积分数和少量超细水雾通入量的共同作用下,气液两相介质对 9.5％甲烷/空气爆炸超压表现了明显的协同增效作用。

其次,超压曲线的峰值特征也发生了很大变化。与超细水雾超压抑制图 3-19 相比,8.4 mL 细水雾量单独作用时爆炸超压曲线为"双峰";超细水雾量超过 12.6 mL 后,超压曲线为两边低中间高的"三峰"。在 1.4 mL 超细水雾与 2％的惰性气体共同作用下,超压曲线就提前变为了"双峰"特征;在超细水雾量超过 8.4 mL 与 2％、6％的惰性气体结合后,超压曲线就均为"三峰"特征。根据 3.3 节中对超压曲线特征的分析,"三峰"或小斜率的"单峰"是超压抑制较好的表现,可见添加惰性气体能显著提高细水雾对超压的抑制效果。

最后,在 2％、6％较低的惰性气体稀释体积分数下,当超细水雾通入量在 8.4 mL 以下时,与纯超细水雾工况相比,气液两相介质对超压抑制的下降幅度较为明显;但随着水雾通入量的增加,当细水雾通入量超过 12.6 mL 后,爆炸超压下降幅度的提高程度在逐渐减小,并逐渐与纯超细水雾工况抑制爆炸超压的差别越来越小,表现出"平台效应"。这说明在较低的惰性气体稀释体积分数下,细水雾在抑爆作用中仍占主体地位,细水雾通入量越多,吸热和稀释作用越大,才能对瓦斯爆炸反应产生更大的抑制作用。

图 4-15 和图 4-16 是 10％、14％惰性气体稀释与不同超细水雾通入量下抑制 9.5％甲烷/空气预混气爆炸超压曲线变化趋势。首先,当惰性气体稀释体积分数增至 10％以上后,在较低的细水雾通入量下,气液两相介质对瓦斯爆炸超压的协同抑制作用明显增强。例如在 1.4 mL 超细水雾分别与 10％的 N_2、CO_2、He 和 Ar 共同作用下,爆炸超压峰值分别为 11.17 kPa、7.47 kPa、12.34 kPa、12.03 kPa,相对于 1.4 mL 超细水雾单独作用时下降幅度分别达到了 53.2％、68.7％、48.3％、49.6％。在 1.4 mL 超细水雾分别与 14％的 N_2、CO_2、He 和 Ar 共同作用下,爆炸超压峰值分别为 9.04 kPa、7.81 kPa、11.14 kPa、11.64 kPa,相对于 1.4 mL 超细水雾单独作用时分别下降了 62.1％、67.2％、53.3％、51.2％。这说明当惰性气体达到一定稀释体积分数后,能快速稀释可燃气和氧气浓度,对初期爆炸反应速率产生较大影响,爆炸初期燃烧产物减少,导致初始压力强度大为降低;而在火焰传播过程中,惰性气体和超细水雾的存在,作为惰性第三体甚至第四体,加大了火焰锋面中自由基的销毁概率,导致瓦斯爆炸反应速率大大降低,进而减少了火焰锋面的放热量和超压产生速率。从爆炸超压的下降幅度来看,在 10％、14％惰性气体稀释和较低的细水雾通入量下,气液两相介质抑制瓦斯爆炸超压比纯超细水雾作用时下降幅度几乎均超过了 50％,说明此时惰性气体与超细水雾协同抑爆作用已十分显著。其中 CO_2 与超细水雾对超压的协同抑爆效果要优于

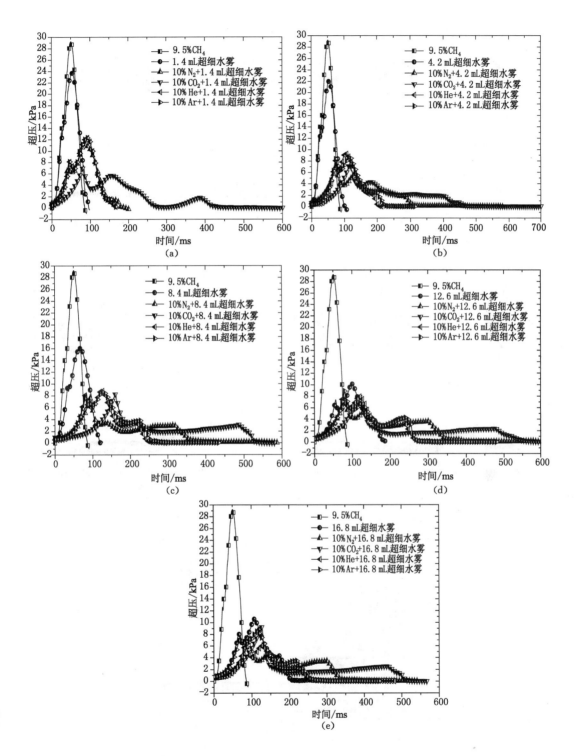

图 4-15 10%惰性气体稀释与不同超细水雾通入量共同作用下 9.5%甲烷/空气预混气爆炸超压曲线

(a) 1.4 mL；(b) 4.2 mL；(c) 8.4 mL；(d) 12.6 mL；(e) 16.8 mL

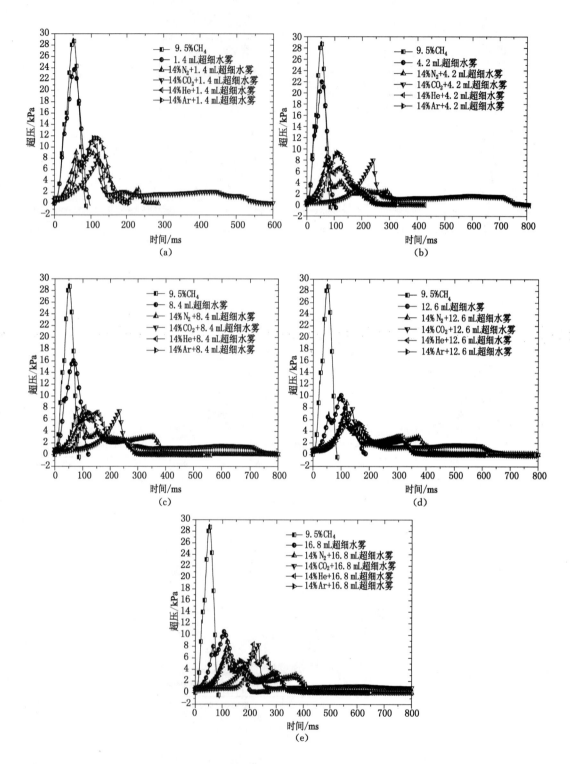

图 4-16　14%惰性气体稀释与不同超细水雾通入量共同作用下 9.5%甲烷/空气预混气爆炸超压曲线

(a) 1.4 mL；(b) 4.2 mL；(c) 8.4 mL；(d) 12.6 mL；(e) 16.8 mL

其他三种惰性气体。

其次,在 4.2 mL 超细水雾分别与 10％的 N_2、CO_2、He 和 Ar 共同作用下,爆炸超压峰值分别为 7.88 kPa、7.26 kPa、9.38 kPa、8.73 kPa,相对于 4.2 mL 超细水雾单独作用时分别下降了 67.3％、64.5％、57.7％、60.6％,甚至优于纯细水雾为 12.6 mL(最大超压 10.13 kPa)和 16.8 mL(最大超压 10.58 kPa)的抑制效果。在惰性气体稀释体积分数为 10％、14％且当细水雾的通入量增至 12.6 mL 以后,随着超细水雾通入量的继续增加,气液两相介质抑制化学当量比甲烷/空气爆炸超压的下降幅度逐步缩小。对超压峰值的抑制比较分析将在下一节中具体展开。这些说明当气液两相介质的控制参数达到一定程度后,能大大提高抑爆效率;之后继续提高惰性气体的稀释体积分数与细水雾量,抑爆效果的提高幅度将减小。

第三,当惰性气体稀释体积分数大于 10％,在气液两相介质作用下,随着细水雾量的增加,超压峰值的来临时间有显著延迟。例如 1.4 mL 超细水雾分别与 14％的 N_2、CO_2、He 和 Ar 共同作用下,爆炸超压峰值来临时间分别为 97.8 ms、119.33 ms、103 ms 和 108 ms,相对于 1.4 mL 超细水雾条件时分别推迟了 78.9％、118.3％、88.4％、97.5％。4.2 mL 超细水雾分别与 14％的 N_2、CO_2、He 和 Ar 共同作用下,爆炸超压峰值来临时间分别为 74.6 ms、117.93 ms、104.13 ms 和 115.6 ms,相对于 4.2 mL 超细水雾条件时分别推迟了 30.8％、115.5％、90.3％、111.2％。还有一点需要说明的是,超压峰值的来临时间并不完全与超压峰值一样,随着细水雾通入量的增加而延迟,而是有一些反复,这应该是由于超细水雾的分布与蒸发不均匀所致。

最后,从超压曲线的峰值特征上看,体积分数为 10％的 CO_2 与任意通入量超细水雾、10％的 N_2 与通入量超过 4.2 mL 的超细水雾抑制 9.5％甲烷/空气预混气爆炸曲线均呈现了"三峰"特征;而 10％的 He 和 Ar 与细水雾通入量超过 4.2 mL 后,超压曲线呈现"双峰"特征。这些表明惰性气体的稀释体积分数和超细水雾的通入量必须达到一定值,气液两相介质抑制瓦斯爆炸超压的协同抑制作用才能得到显著提升。其中 CO_2 与超细水雾对爆炸超压的协同抑爆效果最好,N_2 次之,He、Ar 与超细水雾对爆炸超压的协同抑爆效果差别不大。

图 4-17 是 18％惰性气体稀释与不同超细水雾通入量下抑制 9.5％甲烷/空气预混气爆炸超压曲线变化趋势。随着细水雾量的增加,最大爆炸超压在 7.7～10.52 kPa 之间,最大超压来临时间也显著延迟。从超压曲线特征上看,在 18％的稀释体积分数下,当细水雾通入量超过 4.2 mL 后,超压曲线均呈现了"三峰"或"单峰"特征;甚至在 18％的 CO_2 与 12.6 mL 的超细水雾共同作用下,预混气体很难被点燃。说明由于惰性气体的体积分数已经处于很高的惰化水平,惰性气体与超细水雾共同作用下对 9.5％甲烷/空气预混气爆炸超压表现了良好的抑制水平。

4.3.2 气液两相介质下瓦斯爆炸最大超压的影响因素分析

由于惰性气体中 CO_2 对瓦斯爆炸的抑制效果最好,因此,在这一节中,将分析不同因素对气液两相介质抑制 9.5％甲烷/空气预混气爆炸最大超压的影响规律,并与纯超细水雾和 CO_2 的抑制情况进行了比较。

4.3.2.1 惰性气体体积分数与种类

图 4-18 为不同惰性气体种类与稀释体积分数对气液两相介质抑制 9.5％甲烷/空气预混气爆炸最大超压的影响。可以看出,随着稀释体积分数的增加,四种惰性气体与超细水雾对最大超压的抑制作用均呈下降趋势,但下降幅度会受细水雾通入量和惰性气体种类的影

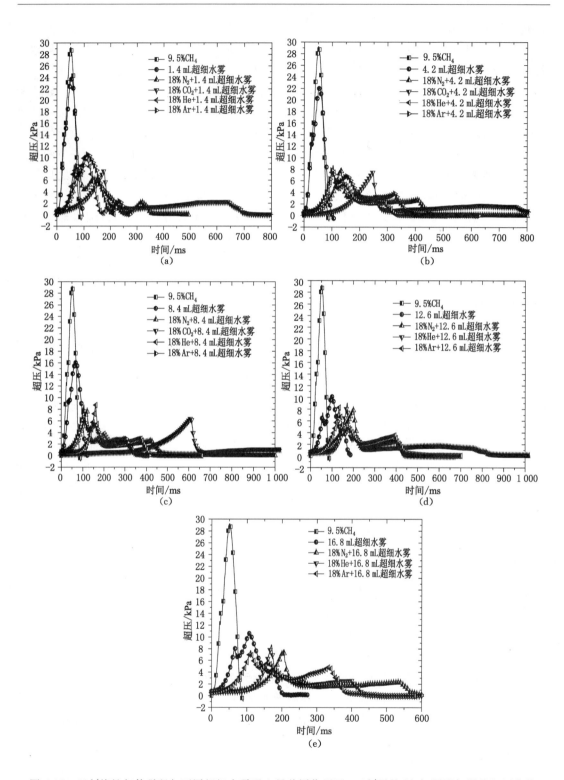

图 4-17　18％惰性气体稀释与不同超细水雾通入量共同作用下 9.5％甲烷/空气预混气爆炸超压曲线

(a) 1.4 mL；(b) 4.2 mL；(c) 8.4 mL；(d) 12.6 mL；(e) 16.8 mL

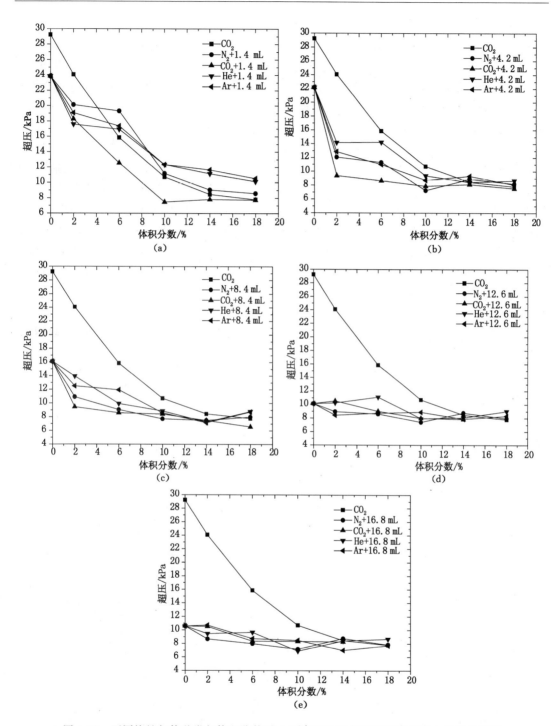

图 4-18 不同惰性气体种类与体积分数对 9.5% 甲烷/空气预混气爆炸最大超压的影响

响。一方面,加入少量的惰性气体(稀释体积分数 2%、6%)后,气液两相介质对最大超压的抑制就有了明显提高。当稀释体积分数增至 10%、细水雾通入量大于 4.2 mL 的工况下,可以看出,9.5% 甲烷/空气预混气爆炸最大超压随四种惰性气体稀释体积分数的变化曲线均呈水平缓慢下降态势。当超细水雾的通入量增至 8.4 mL、稀释体积分数增至 10％以后,四种惰性气体与超细水雾抑制爆炸最大超压的差别逐渐缩小。这说明细水雾通入量和惰性气体的体积分数都必须达到一定值,才能有良好、稳定的抑爆效果。对比纯 CO_2 作用下 9.5％甲烷/空气预混气最大爆炸超压的抑制曲线,可以看出,由于细水雾量太少,不能完全发挥 CO_2-超细水雾气液两相抑爆的协同增效作用;随着细水雾和稀释体积分数的增加,CO_2-超细水雾对爆炸最大超压的协同抑制效果越来越明显。

另一方面,惰性气体种类对气液两相介质协同抑制最大爆炸超压的影响不同。CO_2-超细水雾对爆炸最大超压抑制最好;N_2、He、Ar 三种惰性气体在稀释体积分数 2％,细水雾通入量 1.4 mL 时,对最大爆炸超压的协同抑制效果不如 CO_2[图 4-18(a)],但当其他三种惰性气体稀释体积分数大于 10％,细水雾通入量大于 4.2 mL 以后,从图 4-18(b)至图 4-18(e)可看出,四种惰性气体与超细水雾对最大爆炸超压的抑制态势趋于一致,最大超压集中在 7.19～9.37 kPa 之间,但都没有进一步大幅下降,这是由于水雾蒸发膨胀作用,加之泄爆口直径仅有 40 cm,导致对最大超压的抑制不会降低太多。同时也说明气液两相介质对爆炸最大超压的抑制基本相当。

4.3.2.2 细水雾通入量

图 4-19 为不同超细水雾通入量对气液两相介质抑制 9.5％甲烷/空气预混气爆炸最大

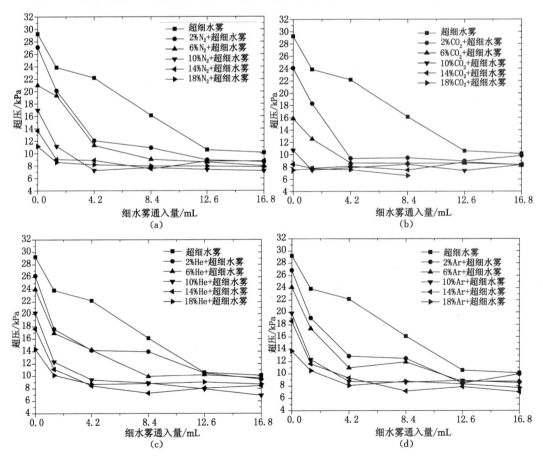

图 4-19 不同超细水雾通入量对 9.5％甲烷/空气预混气爆炸最大超压的影响

超压的影响。随着细水雾通入量的增加,气液两相介质作用下 9.5% 甲烷/空气爆炸最大超压曲线的下降趋势呈现了先快后慢的特点,且明显优于纯超细水雾抑制的情况。例如在 1.4 mL 较低的细水雾通入量下,最大爆炸超压就有了一定下降;当细水雾通入量增至 4.2 mL 后,可以看出最大超压显著降低。说明加入惰性气体能显著提高细水雾的抑爆效果。同时,惰性气体种类也影响着协同抑爆效果。比如 CO_2-超细水雾的 CO_2 达到稀释体积分数 10%、细水雾通入量 4.2 mL 后,对最大爆炸超压的抑制已经能达到良好水平;在 18% 的 CO_2 与 12.6 mL 的超细水雾共同作用下,预混气体很难被点燃。其他三种惰性气体-超细水雾的控制参数则要达到稀释体积分数 14%、细水雾通入量 8.4 mL 后,才能产生良好的抑制效果。

　　表 4-10 至表 4-13 为不同细水雾通入量、惰性气体种类和体积分数对气液两相介质抑制 9.5% 甲烷/空气预混气爆炸最大超压下降幅度对比。可以看出,CO_2 的稀释体积分数应达到 10% 以上,N_2 与 He 或 Ar 的稀释体积分数则应达到 14% 和 18% 以上,超细水雾通入量应在 12.6 mL 以上,最大超压才能有 50% 以上的降幅。由此可见,足够的稀释体积分数和细水雾量是单一抑爆剂保证抑爆效果的重要因素。然而,在气液两相介质作用下,当稀释体积分数仅为 2%、细水雾通入量为 4.2 mL 时,四种惰性气体与超细水雾作用下,最大超压的降幅均超过了 50%。

　　特别是当 CO_2 达到稀释体积分数为 6%、细水雾量达到 4.2 mL 以后,最大超压的降幅超过 70%;N_2、He 和 Ar 三种惰性气体达到稀释体积分数为 10%、细水雾量达到 8.4 mL 以后,最大超压的降幅也几乎都超过了 70%。可见,气液两相介质弥补了单一抑爆剂的不足,在较少的惰性气体与超细水雾的使用量下,产生了明显的协同抑爆增效作用,对管道内 9.5% 甲烷/空气预混气爆炸超压的抑制效果要优于单一抑爆剂,甚至是高剂量的单一抑爆剂。随着气液两相介质的控制参数继续增加,其对最大爆炸超压的抑制效果进一步增加,但抑制效果的提高幅度变小。

表 4-10　　不同雾通量和 N_2 体积分数影响气液两相抑爆剂抑制 9.5% 甲烷/空气
预混气爆炸最大超压下降幅度对比

超细水雾量 /mL	9.5% CH_4 超压峰值 /kPa	下降幅度/%	2% N_2+ 超细水雾超压峰值 /kPa	下降幅度/%	6% N_2+ 超细水雾超压峰值 /kPa	下降幅度/%	10% N_2+ 超细水雾超压峰值 /kPa	下降幅度/%	14% N_2+ 超细水雾超压峰值 /kPa	下降幅度/%	18% N_2+ 超细水雾超压峰值 /kPa	下降幅度/%
0	29.23	0.00	27.09	7.33	20.97	28.26	16.96	41.98	13.66	53.26	11.17	61.78
1.4	23.85	18.42	20.12	31.17	19.31	33.94	11.17	61.78	9.04	69.06	8.59	70.63
4.2	22.18	24.13	12.07	58.72	11.31	61.31	7.26	75.16	8.90	69.55	8.20	71.94
8.4	16.11	44.91	10.92	62.66	9.07	68.98	7.72	73.61	7.50	74.35	7.99	72.65
12.6	10.13	65.36	8.95	69.38	8.62	70.53	7.40	74.70	8.78	69.97	7.96	72.78
16.8	10.58	63.80	8.67	69.74	7.99	72.66	7.18	75.43	8.78	69.97	7.84	73.18

表 4-11　不同雾通量和 CO_2 体积分数影响气液两相抑爆剂抑制 9.5％甲烷/空气预混气爆炸最大超压下降幅度对比

超细水雾量/mL	9.5％CH_4超压峰值/kPa	下降幅度/%	2％CO_2+超细水雾超压峰值/kPa	下降幅度/%	6％CO_2+超细水雾超压峰值/kPa	下降幅度/%	10％CO_2+超细水雾超压峰值/kPa	下降幅度/%	14％CO_2+超细水雾超压峰值/kPa	下降幅度/%	18％CO_2+超细水雾超压峰值/kPa	下降幅度/%
0	29.23	0.00	24.07	17.67	15.85	45.77	10.72	63.33	8.47	71.04	7.50	74.36
1.4	23.85	18.42	18.28	37.48	12.54	57.10	7.47	74.45	7.81	73.29	7.72	73.58
4.2	22.18	24.13	9.38	67.93	8.66	70.39	7.89	73.02	8.13	72.20	7.53	74.24
8.4	16.11	44.91	9.47	67.62	8.60	70.57	8.42	71.20	7.48	74.40	6.56	77.55
12.6	10.13	65.36	8.95	69.38	8.62	70.53	7.40	74.70	8.78	69.97		
16.8	10.58	63.80	9.80	66.48	8.36	71.42	8.34	71.48	8.34	71.48		

表 4-12　不同雾通量和 He 体积分数影响气液两相抑爆剂抑制 9.5％甲烷/空气预混气爆炸最大超压下降幅度对比

超细水雾量/mL	9.5％CH_4超压峰值/kPa	下降幅度/%	2％He+超细水雾超压峰值/kPa	下降幅度/%	6％He+超细水雾超压峰值/kPa	下降幅度/%	10％He+超细水雾超压峰值/kPa	下降幅度/%	14％He+超细水雾超压峰值/kPa	下降幅度/%	18％He+超细水雾超压峰值/kPa	下降幅度/%
0	29.23	0.00	26.19	10.41	24.03	17.80	20.20	30.90	17.64	39.66	14.37	50.86
1.4	23.85	18.42	17.58	39.86	16.93	42.08	12.34	57.79	11.14	61.89	10.14	65.32
4.2	22.18	24.13	14.17	51.52	14.23	51.32	9.38	67.93	8.44	71.14	8.67	70.36
8.4	16.11	44.91	13.96	52.26	9.94	66.00	8.87	69.66	7.26	75.18	8.80	69.89
12.6	10.13	65.36	10.50	64.07	10.23	65.00	7.94	72.85	8.05	72.46	9.02	69.13
16.8	10.58	63.80	9.46	67.63	9.66	66.96	6.89	76.44	8.43	71.17	8.69	70.28

表 4-13　不同雾通量和 Ar 体积分数影响气液两相抑爆剂抑制 9.5％甲烷/空气预混气爆炸最大超压下降幅度对比

超细水雾量/mL	9.5％CH_4超压峰值/kPa	下降幅度/%	2％Ar+超细水雾超压峰值/kPa	下降幅度/%	6％Ar+超细水雾超压峰值/kPa	下降幅度/%	10％Ar+超细水雾超压峰值/kPa	下降幅度/%	14％Ar+超细水雾超压峰值/kPa	下降幅度/%	18％Ar+超细水雾超压峰值/kPa	下降幅度/%
0	29.23	0.00	26.88	8.05	24.13	17.45	19.87	32.04	18.60	36.39	13.73	53.02
1.4	23.85	18.42	19.07	34.75	17.36	40.63	12.34	57.79	11.64	60.17	10.52	64.00
4.2	22.18	24.13	12.86	56.00	10.99	62.42	8.73	70.13	9.32	68.12	8.08	72.37
8.4	16.11	44.91	12.51	57.20	11.94	59.16	8.60	70.58	7.17	75.47	8.75	70.06
12.6	10.13	65.36	8.43	71.17	8.73	70.12	8.89	69.59	7.86	73.11	8.32	71.55
16.8	10.58	63.80	9.96	65.95	8.73	70.12	8.48	70.99	7.01	76.01	7.70	73.65

4.3.3 最大压升速率变化

图 4-20 为不同惰性气体种类、体积分数和细水雾通入量对气液两相介质抑制 9.5％甲

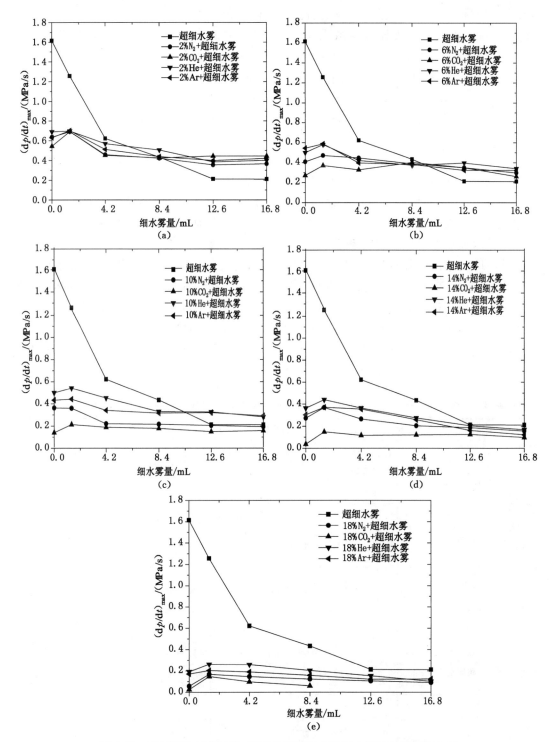

图 4-20 不同惰性气体种类、体积分数和细水雾通入量对气液两相介质
抑制 9.5％甲烷/空气预混气爆炸最大压升速率影响

烷/空气预混气爆炸最大压升速率的影响。可以看出,与纯细水雾作用工况相比,在较少气液两相介质下,最大爆炸压升速率有明显降低,体现了气液两相介质抑制瓦斯爆炸具有协同增效作用。另外,最大压升速率不是随着惰性气体体积分数和超细水雾通入量的增加线性下降的。当气液两相介质控制参数大于一定值后,例如 CO_2 和 N_2 的稀释体积分数大于10%、细水雾通入量大于8.4 mL,或四种惰性气体稀释体积分数大于14%、细水雾通入量大于8.4 mL时,四种惰性气体与超细水雾作用下最大压升速率的下降趋势基本为水平态势,且与纯细水雾抑制情况的差距逐步缩小。可见,气液两相介质对超压抑制效果的提高有一个临界值,当控制参数达到一定程度后,其对瓦斯爆炸超压抑制效果已基本能达到最佳水平。

综上,结合表4-2至表4-13气液两相介质作用下9.5%甲烷/空气爆炸最大火焰传播速度、最大火焰温度和最大爆炸超压的变化,可以得到四种惰性气体与超细水雾协同抑制9.5%甲烷/空气爆炸的关键控制参数,如表4-14所示。综合气液两相介质对最大火焰传播速度、最大火焰温度和最大爆炸超压三个爆炸动态参数的抑制情况,可以发现当 CO_2、N_2、He 和 Ar 四种惰性气体稀释体积分数达到14%、细水雾通入量8.4 mL(质量浓度 694.4 g/m^3)后,均能对9.5%的瓦斯爆炸产生良好的抑制水平,协同抑爆效果均远远优于单一抑爆剂。如果要实现对9.5%甲烷/空气爆炸的完全惰化,单一抑爆剂作用时,CO_2 的体积分数应超过22%,N_2、He 和 Ar 的体积分数应超过28%,以及纯细水雾通入量应超过 16.8 mL(质量浓度 1 388.9 g/m^3);而在气液两相介质作用下,CO_2 的稀释体积分数应达到18%、细水雾通入量达到 12.6 mL(质量浓度 1 041.7 g/m^3)。这些说明气液两相介质在提高抑爆效果同时,明显减少了惰性气体和细水雾的用量。

表 4-14　四种惰性气体与超细水雾共同抑制 9.5%甲烷/空气爆炸的关键控制参数

	控制参数 1		控制参数 2		控制参数 3		备注
	最大火焰传播速度	比单一抑爆剂下降幅度	最大火焰温度	比单一抑爆剂下降幅度	最大爆炸超压	比单一抑爆剂下降幅度	
CO_2-超细水雾	10% CO_2-4.2 mL超细水雾	80.75%	14% CO_2-8.4 mL超细水雾	52.25%	10% CO_2-4.2 mL超细水雾	73.02%	18% CO_2-12.6 mL超细水雾完全惰化9.5%甲烷/空气预混气
N_2-超细水雾	10% N_2-8.4 mL超细水雾	80.8%	14% N_2-8.4 mL超细水雾	43.81%	14% N_2-8.4 mL超细水雾	74.35%	
He-超细水雾	18% He-4.2 mL超细水雾	65.60%	14% He-8.4 mL超细水雾	42.67%	14% He-8.4 mL超细水雾	75.18%	
Ar-超细水雾	18% Ar-4.2 mL超细水雾	63.35%	14% Ar-8.4 mL超细水雾	43.6%	14% Ar-8.4 mL超细水雾	75.47%	

另外,对比单一抑爆剂完全惰化 9.5% 甲烷/空气爆炸的情况,惰性气体单独抑制时,CO_2 的惰化效果最好,N_2 次之,Ar 和 He 的抑制水平与 CO_2 和 N_2 有较大差别。然而,使用气液两相介质抑爆时对惰性气体种类的要求放宽,除了 CO_2-超细水雾协同抑爆效果最好,N_2、He 和 Ar 等与超细水雾的协同抑爆效果均远远优于单一抑爆剂,抑爆水平也基本相当。例如 CO_2 稀释体积分数增至 14%、超细水雾通入量增至 8.4 mL 时,最大火焰传播速度仅为 1.54 m/s,比纯 14% CO_2 作用时下降了 90.42%;最大火焰温度降至 752 ℃,比纯 14% CO_2 作用时降幅达 52.25%;最大超压为 7.48 kPa,比纯 14% CO_2 作用时下降了 74.4%。N_2、He 和 Ar 三种惰性气体达到稀释体积分数为 14%、细水雾量达到 8.4 mL 以后,最大火焰传播速度维持在 3~5 m/s,比纯 14% 惰性气体作用时降幅超过 63%;最大火焰温度在 885~903 ℃,比纯 14% 的惰性气体作用时降幅超过 40%;最大超压维持在 7.17~7.5 kPa,比纯 14% 惰性气体作用时降幅也都超过了 70%。

4.4 本章小结

本章从火焰传播特性(火焰传播速度与位置、最大火焰传播速度、火焰温度、火焰形状)和压力衰减特性(爆炸超压、最大超压、最大压升速率)两个方面对气液两相介质抑制 9.5% 甲烷/空气爆炸的协同增效作用进行了实验研究,并分析了惰性气体种类与稀释体积分数、细水雾通入量对其抑制瓦斯爆炸协同规律的影响,获得了气液两相介质抑爆的关键控制参数。主要结论如下:

(1) 在惰性气体与超细水雾共同作用下,两者对 9.5% 的甲烷/空气预混气爆炸抑制表现出了明显的协同增效作用。加入少量惰性气体和超细水雾后,最大火焰传播速度及其峰值来临时间、最大超压及其峰值来临时间均出现了明显的下降与延迟;最大火焰温度较单一抑爆剂作用时也有明显下降。火焰传播速度曲线由"双峰"变为"单峰"特征,初期火焰传播速度的增长速度明显减缓,并出现了一个"滞涨期";火焰位置曲线体现"右斜"特点;爆炸超压曲线呈现了明显的整体缓和趋势,超压曲线的峰值特征出现"双峰"或"三峰"特征。

(2) 获得了惰性气体稀释体积分数、种类和细水雾通入量影响气液两相介质抑制瓦斯爆炸协同作用的变化规律。在少量的惰性气体与超细水雾共同作用下,不论是最大火焰传播速度、最大火焰温度、火焰形状、最大超压等方面均优于单一抑爆剂,甚至高剂量的单一抑爆剂。然而,气液两相介质的协同抑爆效果不是随着惰性气体的体积分数与超细水雾通入量的增加而线性增长的。当惰性气体的体积分数和超细水雾的通入量增至一定程度后,协同抑爆增效作用会有显著提高;气液两相介质的控制参数继续增加,但抑爆增效作用的增长幅度逐渐缩小。

(3) 综合考量气液两相介质对最大火焰传播速度、最大爆炸超压和最大火焰温度三个方面的影响,为了达到一个经济、合理的控爆效果,气液两相介质的控制参数应达到一定水平,根据本书的研究,当 CO_2、N_2、He 和 Ar 四种惰性气体稀释体积分数达到 14%、细水雾通入量 8.4 mL(质量浓度 694.4 g/m³)后,均能对化学当量比的瓦斯爆炸产生良好的抑制水平,协同抑爆效果均远远优于单一抑爆剂。其中,CO_2 与超细水雾对 9.5% 甲烷/空气爆炸的协同抑爆效果最佳,N_2、He 和 Ar 等与超细水雾的协同抑爆水平相差不大。这些说明气液两相介质在提高抑爆效果同时,能明显减少惰性气体和细水雾的用量,对惰性气体种类的限制程度也有所降低。如果要实现对 9.5％甲烷/空气爆炸的完全惰化，CO_2的稀释体积分数应达到 18％、细水雾通入量达到 12.6 mL(质量浓度 1 041.7 g/m^3)。

（4）从火焰形状特征上看，与纯细水雾工况相比，在较低的气液两相介质控制参数下，初期火焰结构中的胞格数量有明显减少，甚至当气液两相介质控制参数大于一定程度后，火焰图片胞格消失。体现了加入惰性气体后能更快地影响火焰传播，在超细水雾协同作用下，气液两相介质对瓦斯爆炸反应速率、释热和压力变化速率等产生了更加深远的影响，产生了更好的抑爆效果。同时，当气液两相介质的控制参数增至一定程度后，火焰形状产生了"斜面形"，甚至"蛇形"等不对称结构，使管道内产生不对称的压力波，从而大大削弱了对未燃气体的压缩，最终影响管道内火焰波与压力波相互耦合诱发火焰加速机制的形成。

5 气液两相介质抑制管道瓦斯爆炸数值模拟研究

气液两相抑制瓦斯爆炸过程十分复杂,涉及湍流、燃烧、液滴随气相的运输、气液两相之间热质的交换等化学或物理分过程。由于受到实验条件的限制,可测量的爆炸动态参数是有限的,无法对抑爆过程中的燃烧、反应速度、相变等现象进行详细的定量分析。随着计算机硬件和数值模拟技术的迅猛发展,数值模拟逐渐发展成为研究抑爆过程的有效手段,弥补了实验测试的不足。为此,本章基于气(液)单相、气液两相抑制瓦斯爆炸过程的全工况数学模型,选取了几个典型的单一抑爆剂和气液两相介质抑爆的实验工况进行了数值模拟,分析气液两相介质对 9.5% 甲烷/空气预混气爆炸过程中气相反应速率、水雾蒸发速率、液相与气相温度分布等影响,以进一步阐明惰性气体与超细水雾之间的相间耦合过程,揭示气液两相介质抑制瓦斯爆炸增效的协同机理。

目前用于瓦斯爆炸的数值模拟大都采用连续相模型,但该模型无法有效地预测细水雾与火焰耦合作用的行为细节,因此本书采用了离散相模型(DPM)。该模型在细水雾抑爆模拟方面的应用是目前研究方向的一个趋势,然而国内外关于气液两相抑爆的有效数值模拟仍然较少,难以揭示抑爆过程中的气液两相耦合作用的机理,更缺少这方面的实验佐证。另外,由于气液两相介质抑爆涉及多相流力学与化学动力学,基于对现有计算资源的有效利用,本书采取了相对简单的二维模拟,但考虑到了基本的化学反应和液滴动力学模型,以获取关于水雾与火焰锋面相互作用的基本信息。全工况数学模型总体上划分为三个相异但互有联系的子模型,分别描述抑爆过程中的湍流、化学反应及气液两相流。

5.1 气液两相抑制瓦斯爆炸的数学模型

在气液两相流动模拟采取了欧拉-拉格朗日方法,将流体相处理为连续介质,将颗粒相处理为离散相,在欧拉坐标系下考察连续相的运动,在拉格朗日坐标下考察离散颗粒相的运动[129]。该算法首先通过欧拉框架解决连续相守恒方程,确定边界值问题,得到湍流火焰结构和燃烧速度。然后,离散相的守恒方程以拉格朗日框架跟随穿过火焰的液滴,将雾滴的蒸发率的预测当成一个周围气体的速度、温度和组分的函数。蒸发速率为气相问题提供了质量和能量源项,然后再重新解算。这种气相解算方法通过跟踪液滴提供了一个新的速度、温度和组分。迭代过程继续收敛最终解决气液两相问题。

5.1.1 连续相控制方程

(1)质量守恒方程

$$\frac{\partial \rho}{\partial t} + \frac{\partial}{\partial x_i}(\rho v_i) = 0 \tag{5-1}$$

(2)动量守恒方程

$$\frac{\partial}{\partial t}(\rho \upsilon_i) + \frac{\partial}{\partial x_j}(\rho \upsilon_i \upsilon_j) = \frac{\partial p}{\partial x_i} \mid \frac{\partial \tau_{ij}}{\partial x_j} \qquad (5-2)$$

（3）湍流模型

瓦斯爆炸火焰传播过程伴随混合、旋流等复杂非定常的湍流流动。火焰锋面受湍流的作用而发生扭曲和褶皱,当脉动速度较小时,层流火焰发生褶皱,但还维持连续的火焰锋面;而在脉动速度较大时,火焰则产生很大变形,如出现郁金香火焰等[112]。

目前湍流模型主要有零方程模型（低阶湍流模型）、单方程湍流模型、双方程湍流模型、雷诺压力模型等,其中 Launder 与 Spalding[130] 提出的 k-ε 双方程模型具有精度合理、计算量经济等优点,应用比较广泛,其基本方程如下[112]:

$$\frac{\partial(\rho k)}{\partial t} + \frac{\partial}{\partial x_j}\left(\rho u_j k - \frac{\mu_e}{\sigma_k}\frac{\partial k}{\partial x_j}\right) = G - \rho\varepsilon \qquad (5-3)$$

$$\frac{\partial}{\partial t}(\rho\varepsilon) + \frac{\partial}{\partial x_j}\left(\rho u_j\varepsilon - \frac{\mu_e}{\sigma_\varepsilon}\frac{\partial \varepsilon}{\partial x_j}\right) = C_1 G \frac{\varepsilon}{k} - C_2\rho\frac{\varepsilon^2}{k} \qquad (5-4)$$

式中:

$$G = \frac{\partial u_i}{\partial x_j}\left[\mu_e\left(\frac{\partial u_i}{\partial u_j} + \frac{\partial u_j}{\partial u_i}\right) - \frac{2}{3}\left(\delta_{ij}\rho k + \mu_e\frac{\partial u_k}{\partial x}\right)\right] \qquad (5-5)$$

$$\mu_e = \mu + \mu_t \qquad (5-6)$$

$$\mu_t = \rho C_\mu \frac{k^2}{\varepsilon} \qquad (5-7)$$

式(5-5)至式(5-7)中,k 表示湍流动能;ε 为湍流动能耗散率;G 为由浮力产生的湍流动能产生项;μ_t 为湍流黏度。式中各个系数的设定详见表 5-1。

表 5-1   **式(5-1)至式(5-5)中系数的设定[112]**

C_μ	C_1	C_2	σ_k	σ_ε
0.09	1.44	1.92	1.0	1.3

（4）组分运输方程

$$\frac{\partial(\rho Y_i)}{\partial t} + \nabla \cdot (\rho v \cdot Y_i) = -\nabla \cdot \boldsymbol{J}_i + R_i + S_i \qquad (5-8)$$

式中 Y_i ——第 i 组分的质量分数;

    $\boldsymbol{J}_i$ ——第 i 组分浓度扩散引起的扩散通量;

    R_i ——第 i 组分化学反应的净产生率;

    S_i ——第 i 组分自定义源项。

5.1.2 燃烧模型

整个瓦斯爆炸过程本身就处于湍流燃烧状态,而湍流流动过程和化学反应过程又是相互影响的。因此,要合理模拟气液两相介质抑制瓦斯爆炸的过程,采用合理、经济的湍流燃烧模型很重要。

按照湍流燃烧模型所采用的模拟假设和数学方法,大致可分为四类:相关封闭法、基于湍流混合速率的方法、统计分析法（包括概率密度法和条件矩等方法）和基于湍流火焰结构几何描述的方法（包括火焰面密度模型和 G 方程模型等）[110]。目前,数值模拟中常用的有:

涡团耗散模型(Eddy dissipation model,ED)、涡耗散概念模型(Eddy dissipation concept, EDC)。

涡团耗散模型(ED 模型)是对 Magnussen 与 Hjertager 提出的涡团破碎模型(Eddy breakup model,EBU)的修正,认为湍流燃烧区中的已燃气体和未燃气体以随机运动的大小不等的涡团形式存在,化学反应发生在涡团交界面上,反应速率由湍流控制[131,132]。其中,组分 i 在化学反应 r 中的净反应速率 R_r 取最小值:

$$R_{ir} = \upsilon'_{i,r} M_{r_i} A\rho \frac{\varepsilon}{k} \min_R \left| \frac{\omega_R}{\upsilon'_{R,r} M_{r_R}} \right|\tag{5-9}$$

式中　$\upsilon'_{i,r}$——组分 i 在化学反应 r 中的反应物与产物的化学恰当比系数;

　　　M_{r_i}——组分 i 的相对分子质量;

　　　ω——组分质量分数。

EDC 模型考虑到了湍流燃烧中的细致化学反应机制,其基本原理是:假定化学反应发生在小的湍流结构上,燃烧速率由燃料和氧化剂发生在小的湍流结构(也称分子尺度)上相互混合的速率所决定,其内部的化学反应则是在经历一个时间尺度后再进行[132]。对于分子尺度,其长度分数的表达式为:

$$\xi = C_\xi \left| \frac{\nu\varepsilon}{k^2} \right|^{\frac{1}{4}}\tag{5-10}$$

式中　ξ——分子尺度的数量;

　　　C_ξ——体积分数常量;

　　　ν——动力黏度。

时间尺度的表达式为:

$$\tau^* = C_\tau \left| \frac{\nu}{\xi} \right|^{\frac{1}{2}}\tag{5-11}$$

式中　C_τ——时间尺度常量。

EDC 模型中燃烧速率由两种涡团的破碎率和耗散率所决定,燃烧速率表达式为[112]:

$$\overline{R}_{fu} = -\frac{B\rho\varepsilon}{k} \min\left\{ \overline{Y}_{fu}, \frac{\overline{Y}_{ox}}{S}, \frac{C\overline{Y}_{pr}}{1+S} \right\}\tag{5-12}$$

式中　B,C——经验系数;

　　　$\overline{Y}_{fu},\overline{Y}_{ox},\overline{Y}_{pr}$——燃料、氧化剂和燃烧产物的平均质量分数;

　　　S——氧化剂的化学计量系数;

　　　min——取括号中三项最小值。

相比于 ED 模型,EDC 模型无须计算脉动浓度的输运方程,且适用于预混合扩散燃烧,尤其对瓦斯预混爆炸较为适合,故本书数值模拟中涉及的燃烧模型均采用 EDC 模型。

5.1.3　离散相控制方程

气液两相抑制瓦斯爆炸特性的数值计算包含气相(燃烧气体)和液相(细水雾颗粒)的两相流动。由于本书中使用的是粒径仅为 $10~\mu m$ 左右的超细水雾,在模拟中没有考虑雾滴破碎,而是快速蒸发,蒸发速率与火焰锋面的温度相关;同时还忽略了液滴-液滴之间的相互作用。在数值计算过程中除了计算预混气体湍流流动和燃烧的方程之外,还需要计算细水雾颗粒的运动方程和其在气液两相流场中的蒸发特性等,因此必须考虑颗粒相的运动方程、颗粒蒸发模型和气液两相之间的流动、传热传质耦合特性。

本书采用 DPM 模型模拟气液两相流流动与传热传质过程。该模型采用拉格朗日方法模拟流场中的离散相,它的特点是计算中可以对颗粒运动轨迹进行跟踪[133]。气相被处理为连续相,直接求解时均 N-S 方程,而离散相是通过计算流场中大量液滴的运动得到的。液相和气相之间有动量、质量和能量的交换。

颗粒运动方程[134,135]:

$$\frac{4\pi}{3}\left(\frac{d_P^2}{2}\right)^3 \rho_P \frac{\mathrm{d}u_P}{\mathrm{d}t} = C_D \frac{\rho_g \ (u_g - u_P)^2 \pi d_P^4}{8} - \frac{4\pi}{3}\left(\frac{d_P^2}{2}\right)^3 \rho_P g \tag{5-13}$$

其中　　ρ_g ——流体的密度;

$\quad\quad\ \rho_P$ ——颗粒密度;

$\quad\quad\ u_g$ ——气流速度;

$\quad\quad\ u_P$ ——颗粒运动速度;

$\quad\quad\ d_P$ ——颗粒直径;

$\quad\quad\ C_D$ ——曳力系数:

$$C_D = \frac{24}{Re_P}, Re_P < 1 \tag{5-14}$$

$$C_D = \frac{24}{Re_P}(1 + 0.15\ Re_P^{2/3}), 1 < Re_P \leqslant 1\ 000 \tag{5-15}$$

两相之间的动量交换方程:

$$F = \sum \frac{18C_D \rho_g \ (u_g - u_P)}{24\rho_P d_P}(u_g - u_P)\dot{m}_P \Delta t \tag{5-16}$$

其中　　$\dot{m}_P$ ——颗粒的蒸发速率;

$\quad\quad\ \Delta t$ ——两相之间的相互作用时间。

在计算过程中假设两相之间的传热和传质的速率相等,则水雾液滴的蒸发速率为:

$$\dot{m}_P = -2\pi \frac{\lambda_g}{c_{P,g}} d_P Nu \ln(1 + B_M) \tag{5-17}$$

$$Nu = 2 + 0.6\ Re^{1/2}\ Pr^{1/3} \tag{5-18}$$

液滴温度可根据对流传热和潜热之间的热平衡求得:

$$\frac{\mathrm{d}T_P}{\mathrm{d}t} = \frac{6}{d_P^2} \frac{\lambda_g}{\rho_P c_{p,P}} \times \left[(T_g - T_P)Nu + \frac{L}{c_{p,g}} \frac{\dot{m}_P c_{p,g}}{\pi d_P \lambda_g}\right] \tag{5-19}$$

两相之间的质量交换为:

$$M = \frac{\Delta m_P}{m_{P,0}}\dot{m}_{P,0} \frac{\lambda_g}{\rho_P c_{p,P}} \tag{5-20}$$

两相之间的能量交换为:

$$Q = \left[\frac{\overline{m_P}}{m_{P,0}}c_{p,P}\Delta T_P + \frac{\Delta m_P}{m_{P,0}}\left(L - \int_{T_P}^{T} c_{p,P}\mathrm{d}T\right)\right]\dot{m}_{P,0} \tag{5-21}$$

式中　　λ_g ——气体导热率;

$\quad\quad\ c_{p,g}$ 和 $c_{p,P}$ ——气体和液滴的定压比热容;

$\quad\quad\ B_M$ ——传热指数;

$\quad\quad\ L$ ——液体的汽化潜热。

在实际计算过程中气液两相通过动量、质量和能量交换实现两相之间的耦合。

5.2 几何模型与网格划分

5.2.1 几何模型

采用 Gambit 软件建立管道内瓦斯爆炸及气液两相抑爆几何模型,如图 5-1 所示。管道长度为 840 mm,横截面尺寸为 120 mm×120 mm。管道内预先充满 CH_4 和空气预混气体,CH_4 体积浓度为化学当量比浓度 9.5%(质量浓度 5.5%)。

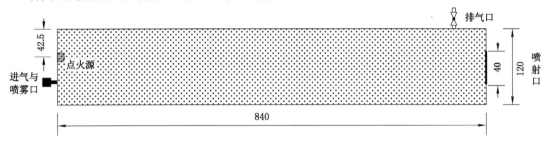

图 5-1 几何模型

5.2.2 网格划分

在计算的几何模型确定之后,对于数值计算来说计算区域计算网格的划分在很大程度上决定了计算进程的快慢和计算结果的可靠性。为了既能保证计算精度又节约计算时间,整个管道采用四边形结构性网格,网格大小为 1.25 mm×1.25 mm,网格总数约 56 万。为了准确捕捉瓦斯爆炸火焰锋面的化学反应过程,通过温度梯度对计算网格进行局部加密。管道计算网格与局部加密如图 5-2 所示。

图 5-2 计算网格与局部加密

5.2.3 网格无关性

网格的精细程度对数值模型准确性影响较大,因此需对网格无关性进行验证。图 5-3 为在不同网格大小条件下瓦斯爆炸(当量比为 1)火焰锋面位置随时间变化与实验数据的比较。由图 5-3 可以看出,网格大小为 1.5 mm 时,火焰锋面位置的变化与实验偏离较大。此外,减小网格可以提高计算精度,但当网格大小从 1.25 mm 减小至 1.0 mm 时,模拟计算精度提高已不明显,即计算结果与网格大小无关。因此本书数值模拟中的网格均选择1.25 mm,在该网格条件下,模拟结果与实验结果已较为接近,计算精度和计算成本的综合性能较好。

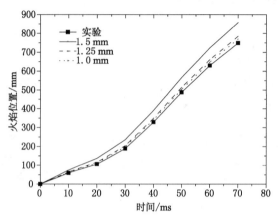

图 5-3　网格大小对火焰位置变化的影响

5.3　初始条件与边界条件

边界条件:管道一侧为点火端,故其边界条件为壁面边界。由于实验中泄爆口处的封闭薄膜可在很小的压力作用下破裂,而破裂过程很难模拟,因此在模拟中不考虑薄膜的影响,设定泄爆口边界为压力出口,压力恒定为大气压力 $1.013\ 25\times10^5$ Pa;其余均设为壁面边界;固体壁面上采用无速度滑移(No-slip Wall)和无质量渗透边界条件;由于瓦斯爆炸时间很短,壁面与爆炸气流换热量极小,因此所有壁面边界均简化为绝热壁面。

在初始时刻($t=0$ ms),整个管道内温度为 300 K,其相对压力为 0 Pa(即大气压力),流场速度为 0 m/s,利用管道封闭端距离上壁面 42.5 mm 位置 Patch 局部高温方法点火引爆,点火半径为 5 mm,点火温度为 1 600 K。

数值求解过程是利用 CFD 求解器 ANSYS FLUENT 软件(6.3.26 版本)实现的,整个计算区域采用有限容积法离散控制方程,空间离散采用一阶中心差分格式,选取二阶隐式时间推进法来提高计算精度,利用 SIMPLE 算法对速度和压力耦合方程组进行解耦。气液相的质量方程、动量方程、能量方程、化学反应方程的计算残差分别小于 1×10^{-3}、1×10^{-3}、1×10^{-6} 及 1×10^{-4}。为了保证求解收敛,时间步长设为 1×10^{-6} s。数值模拟计算全部是在河南理工大学高性能计算平台上完成的,每次计算共使用 8 个节点(8 个 Intel Xeon E5530 四核 CPU)进行并行运算,每个计算工况耗时约 12 h。

5.4　数值模拟结果与抑爆实验对比

数值模拟选取了不同喷雾量、不同惰性气体种类与气液两相介质的几个典型的模拟工况,具体模拟工况设置见表 5-2。细水雾粒径范围为 10~20 μm,粒径均遵循 Rosin-Rammler 分布规律。数值计算顺序依次进行瓦斯爆炸动态传播过程、气相或液相单相抑爆及气液两相抑爆的数值模拟,从气相温度、火焰锋面气相反应速率、液相水雾温度、水雾蒸发速率等角度解释惰性气体与超细水雾之间的相间耦合作用机制,并将火焰传播速度、超压的模拟结果与第3、4章中对应的实验工况结果进行了对比,分析气液两相介质抑制9.5%甲烷/空气爆炸火焰波和压力波的协同作用过程。

表 5-2　　　　　　　　　　　　　　　模拟工况设置

序号	工况	序号	工况
1	$9.5\%CH_4/air$	4	1.4 mL 超细水雾
2	$10\%N_2$	5	4.2 mL 超细水雾
3	$10\%CO_2$	6	$CO_2 10\%-8.4$ mL 超细水雾

5.4.1　瓦斯爆炸火焰动态传播过程

图 5-4 表示不同时刻 9.5%甲烷/空气预混气爆炸火焰传播模拟与实验比较。由图 5-4(b)可以看出,点火后瓦斯爆炸火焰刚开始呈半球状传播,之后逐渐变为"指形"。其中,红色区域为高温已燃区,最高温度接近 2 300 K,这与 9.5%甲烷与空气绝热燃烧温度(2 350 K)误差较小,比实验中测得火焰温度 1 575 ℃(1 848 K)高约 19.7%,这是由于实际管道采用了有机玻璃材质,散热较大所致。图中蓝色区域为低温未燃区,中间环状区域为燃烧反应区(也是温度梯度较大区域)。由于瓦斯爆炸时气体温度由 300 K 上升至 2 300 K,反应区的气体体积膨胀率约为 7.6 倍,致使未反应的甲烷/空气预混气体快速向出口流动。但由于点火源位于封闭端中部靠上位置,导致火焰先与上壁面接触,当火焰锋面到达管道中段时,火焰才充满整个管道横截面。比较图 5-4(a)和图 5-4(b)可以看出,无论是火焰结构还是火焰传播到达相应位置的时间,数值模拟结果都与实验十分接近,说明构建的数学模型能够较好地预测瓦斯爆炸火焰传播过程。

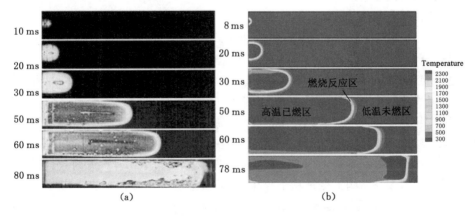

图 5-4　9.5%甲烷/空气爆炸火焰传播模拟与实验结果对比
(a) 实验中高速相机拍摄结果;(b) 管内气体温度分布数值模拟结果

计量火焰锋面位置的变化速率,可以得出火焰传播速度的变化。图 5-5(a)和图 5-5(b)分别表示 9.5%甲烷/空气爆炸火焰传播速度和压力动态变化模拟与实验结果的比较。在点火初期(0 ms$<t<8$ ms),局部未燃气体被点燃,高温区域突然膨胀,火焰获得初期加速;

当火焰继续传播时,垂直方向的气体膨胀使火焰水平的加速略有减缓;在此之后,由于火焰与周围流体中小尺度湍流涡团相互作用,火焰速度不断升高;$t>50$ ms 时,由于泄爆面积较小,火焰传播受到壁面的阻滞作用,火焰速度稍有降低,但当火焰接近管道出口时($t>70$ ms),在泄爆加速作用下,火焰速度又有小幅度的提升。从模拟结果来看,火焰速度和压力的变化趋势与实验结果较为接近,其中最大火焰速度和最大压力的模拟值与实验值误差分别为 5.6％和 10.7％,最大压力时刻相差 2 ms 左右,说明模拟数据与实验值比较吻合,瓦斯爆炸数值模拟中采用的燃烧模型和湍流模型具有较好的适用性,为研究气液两相抑爆模拟建立了必要的研究基础。

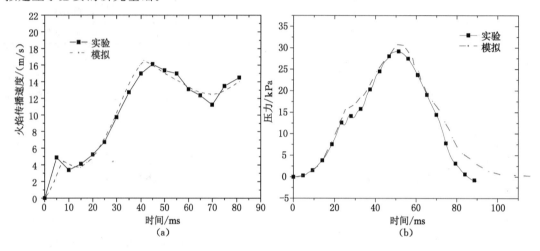

图 5-5 9.5％甲烷/空气爆炸火焰传播速度和超压模拟与实验对比

(a) 火焰速度;(b) 超压

5.4.2 单相抑爆模拟结果与讨论

5.4.2.1 惰性气体抑爆

图 5-6 为 10％N_2抑制 9.5％甲烷/空气预混气爆炸火焰传播模拟与实验比较。从模拟结果的温度分布来看,由于添加 10％N_2,使火焰温度有一定的降低,尤其是外火焰区域的温度降低更为明显。在火焰传播前期(50 ms 以前),火焰最高温度为 1 900 K 左右,明显低于甲烷/空气爆炸的绝热温度,但相比实验工况 1 617 K 要高约 14.9％。在火焰传播后期,由于泄爆膜破裂新鲜空气进入,燃烧强度提高,最高火焰温度回到 2 100 K 左右;另外,火焰锋面传播至出口的时刻延迟了 30 ms 左右。上述现象都说明作为惰性气体的 N_2 具有良好的稀释作用,对瓦斯爆炸起到一定的抑制效果。在模拟和实验结果对比方面,火焰传播动态过程模拟效果较好,火焰结构演变过程十分相似,但模拟的火焰传播稍快于实验结果,火焰锋面到达对应位置的时间最多相差 6 ms,其原因是模拟中未考虑壁面散热影响,更有利于火焰传播。

从图 5-7(a)的火焰速度模拟与实验比较更易看出,在爆炸初期,模拟与实验的火焰传播速度基本相当,但在 30 ms 之后,模拟中的火焰速度明显更快,最大火焰速度比实验值高出 24.6％,由此导致模拟中的最大压力比实验值高 13.5％,且最大压力时刻提前了 19 ms。

图 5-8 为 10％CO_2抑制瓦斯/空气爆炸火焰传播模拟与实验比较。与 N_2 不同的是,相同体积分数的 CO_2 气体抑爆效果明显更好,具体表现为火焰在管道中的传播时间显著增大,这在实

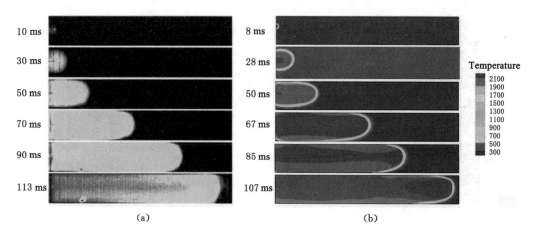

图 5-6　10％N₂抑制 9.5％甲烷/空气爆炸火焰传播模拟与实验对比

（a）实验中高速相机拍摄结果；（b）管内气体温度分布数值模拟结果

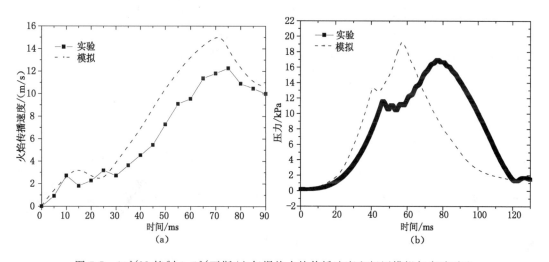

图 5-7　10％N₂抑制 9.5％瓦斯/空气爆炸火焰传播速度和超压模拟与实验对比

（a）火焰速度；（b）超压

验和模拟结果中均有所体现。模拟结果显示在火焰传播前期火焰最高温度为 1 800 K 左右，明显低于甲烷/空气爆炸的绝热温度，但比实验工况 1 549 K 要高约 13.9％；在火焰传播后期，二次火焰温度也得到了较好的抑制。

　　需要特别指出的是，在 10％CO₂抑爆实验测试中，火焰锋面接近管道出口时，火焰出现了类似"郁金香"结构。通过图 5-8（b）也可以看到出口端靠近壁火焰速度高于中心速度的现象。参考图 3-7、图 3-9 和图 3-10，即在 N₂、He 和 Ar 三种惰性气体抑制作用下，也在稀释体积分数超过 18％时接近出口处出现了火焰加速，其原因是在较高的稀释体积分数下，泄爆膜破裂后，新鲜空气涌入导致瓦斯当量比提高，燃烧再次增强致使体积膨胀，靠近泄爆口的气体首先冲出，造成管内靠近泄爆口的气体压力下降；同时由于泄爆口处突然变径，火焰传播受到出口周围壁面的阻滞作用发生了变形，导致火焰结构向中间挤压加速，最后以较高的速度冲出管道。然而，在低的惰性气体稀释体积分数下这种火焰结构并没有出现，这是因

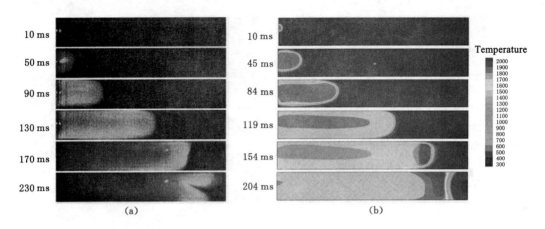

图 5-8　10％CO_2抑制 9.5％瓦斯/空气爆炸火焰传播模拟与实验对比
（a）实验中高速相机拍摄结果；（b）管内气体温度分布数值模拟结果

为惰性气体的抑制作用较弱，火焰传播速度较快，大部分可燃气体直接冲出管道。

图 5-9 为 10％CO_2抑制 9.5％瓦斯/空气爆炸火焰传播速度和超压模拟与实验比较。从模拟结果来看，在同一稀释体积分数下，最大火焰速度和最大超压在 N_2 作用时分别为15.28 m/s、20.5 kPa，CO_2 作用时分别为 9.2 m/s、13.1 kPa，火焰传播速度与超压的降幅分别达到39.8％和36％。火焰传播速度和超压的变化趋势与实验结果较为接近，其中最大火焰速度和最大超压的模拟值与实验值误差分别为 18.5％和17％。

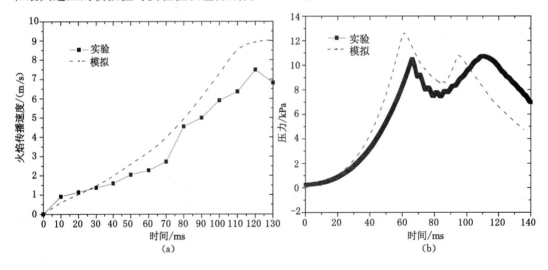

图 5-9　10％CO_2抑制 9.5％瓦斯/空气爆炸压力和火焰速度模拟与实验对比
（a）火焰速度；（b）压力

5.4.2.2　超细水雾抑爆

图 5-10 至图 5-13 为 1.4 mL、4.2 mL 超细水雾作用下温度分布、管内气体温度与水雾温度分布、气相反应速率和水雾蒸发速率分布模拟结果与实验对比。从火焰传播上看，数值模拟与实验观测火焰结构演变过程基本接近，但火焰传播时间比实验延迟了约 5 ms，其原因是实际情况下水雾存在分布不均匀和沉降现象，更有利于火焰的传播。

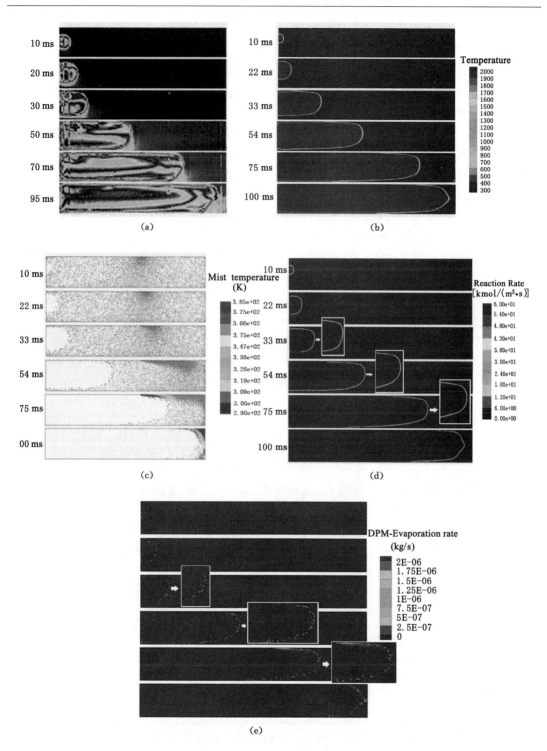

图 5-10　1.4 mL 超细水雾作用下气体温度分布、水雾温度分布、
气相反应速率和火焰锋面水雾蒸发速率分布数值模拟与实验结果对比

（a）实验中高速相机拍摄的火焰图片；（b）管内气体温度分布数值模拟结果；
（c）数值模拟管内水雾温度分布；（d）数值模拟火焰锋面气相反应速率分布；（e）数值模拟火焰锋面水雾蒸发速率分布

从图 5-10(b)和图 5-11(b)管内气体温度分布云图可以看出,在 1.4 mL 超细水雾作用下,由于超细水雾通入量很少,对整个传播过程中火焰温度的降温作用很小,火焰最高温度为 2 000 K 左右,比实验测试 1 804 K 约高 9.8%。而超细水雾通入量增至 4.2 mL,在火焰传播前期(53 ms 以前),火焰最高温度降至 1 800 K 左右;在火焰传播后期,由于泄压会导致新鲜空气进入,产生二次燃烧,火焰温度又上升至 1 900 K 左右。

根据图 5-10(c)和图 5-11(c)水雾温度分布云图,可将其分为三个区域来描述,即已燃区、预热区(或反应区)及未燃区,即超细水雾在火焰高温作用下迅速蒸发区;在火焰锋面处水雾温度最高,靠近火焰锋面未燃区侧温度有一个预热层,水雾量越大,预热层越厚,冷却作用也越明显;而未燃区一侧水雾温度则逐渐降低,体现了在火焰锋面处进行着激烈的传热、传质过程。另外,水雾会受到高速爆炸气流挤压以及靠近出口端出口管壁的约束作用,可以看到对水雾的挤压作用也比较明显。

从图 5-10(d)和图 5-11(d)超细水雾与火焰相遇时火焰锋面气相反应速率分布云图,通过火焰锋面的局部放大,可以看出图 5-10(d)的 33 ms 和图 5-11(d)的 53 ms 时,火焰前锋都处于传播初期阶段,火焰最前锋处气相反应速率最大值为 20 和 18 kmol/(m³·s),说明随着细水雾通入量的增加,水雾的冷却作用降低了瓦斯燃烧反应速率,这一阶段对应于泄爆膜破裂之前的火焰传播前期。而在火焰传播后期,由于新鲜空气进入发生二次燃烧,图 5-10(d)1.4 mL 超细水雾下 75 ms 时,火焰锋面中心红色区域比较明显,最大气相反应速率为 60 kmol/(m³·s),说明二次燃烧程度又有所加强。然而图 5-11(d)4.2 mL 超细水雾作用下为 95 ms 时,红色区域仅剩几个点,最大气相反应速率为 55 kmol/(m³·s)。这说明超细水雾通入量增加到一定程度后,才能在管道内形成足够密集的水雾浓度,对整体火焰的传播产生较为明显的抑制,这与第 3 章实验的结果一致。

另外,火焰前锋气相反应速率分布并未完全紧贴管道下部,而是有一定上浮,这是由于细水雾蒸发成水蒸气后在已燃区仍能继续吸热,发挥冷却作用,降低对火焰前锋的热量供给,使反应速率下降,进而影响火焰结构的对称性,火焰整体上浮。

从图 5-10(e)和图 5-11(e)1.4 mL、4.2 mL 火焰锋面处水雾蒸发速率分布云图可以看出,火焰在管内前半段传播时,云图中火焰锋面处雾滴颗粒相的颜色以红色、绿色为主,表明了水雾蒸发速率处于较高水平,大致在 $1 \times 10^{-6} \sim 2 \times 10^{-6}$ kg/s 之间。而 4.2 mL 超细水雾时云图中水雾蒸发区的厚度要明显大于 1.4 mL 超细水雾的情况,而且蒸发速率最高的红色颗粒也更多,这说明增加水雾通入量后,冷却作用大大加强。在火焰传播至管道后半段,红色的雾滴颗粒明显减少,水雾蒸发速率主要集中在 $2.5 \times 10^{-7} \sim 1 \times 10^{-6}$ kg/s 之间,而且 4.2 mL 超细水雾作用下水雾蒸发区厚度明显更厚。这说明水雾量较少时,由于火焰传播速度很快将大量水雾随燃烧产物冲出了管道,因此,实际上细水雾的冷却效果并没有全部发挥;而当水雾量增加后,冷却作用越明显,导致火焰传播速度下降,即使泄压后,仍有大量水雾留存在管道中,因此水雾量直接影响抑爆效果。

图 5-12 和图 5-13 为 1.4 mL、4.2 mL 超细水雾作用下 9.5%甲烷/空气爆炸超压和火焰传播速度模拟与实验对比。从模拟结果来看,火焰传播速度和超压比实验测试要低一些,其原因为还是实际抑爆中会存在水雾分布不均匀,便于火焰传播;但变化趋势与实验结果较为接近。在 1.4 mL 超细水雾作用下,最大火焰速度和最大超压分别为 11.16 m/s 和 19.95 kPa,与实验误差值为 19%和 22%;随着水雾通入量的增加,火焰传播初期出现明显延迟,最

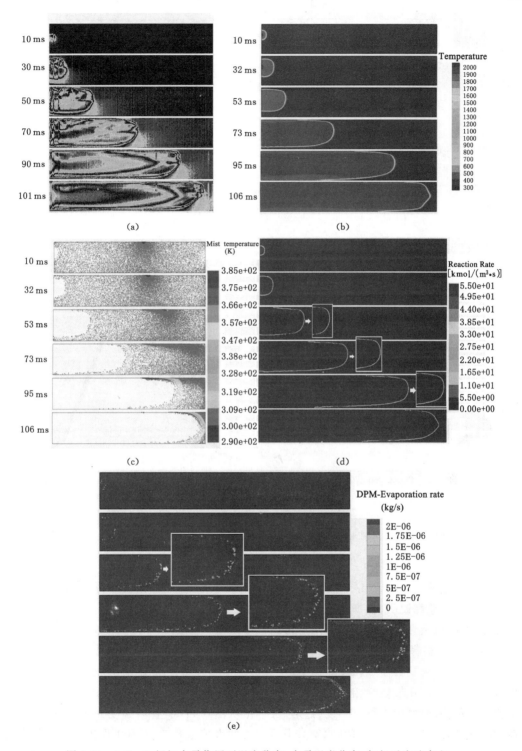

图 5-11 4.2 mL 超细水雾作用下温度分布、水雾温度分布、气相反应速率和
火焰锋面水雾蒸发速率分布数值模拟与实验结果对比
(a) 实验中高速相机拍摄的火焰图片；(b) 管内气体温度分布数值模拟结果；
(c) 模拟管内水雾温度分布；(d) 模拟火焰锋面气相反应速率分布；(e) 模拟火焰锋面水雾蒸发速率分布

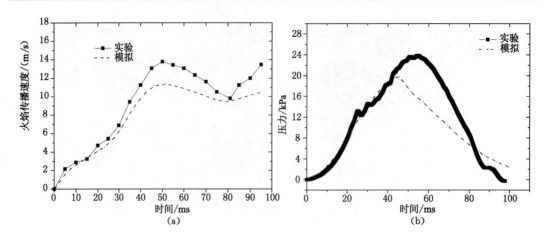

图 5-12　1.4 mL 超细水雾抑制 9.5％瓦斯/空气爆炸压力和火焰速度模拟与实验对比
(a) 火焰速度；(b) 压力

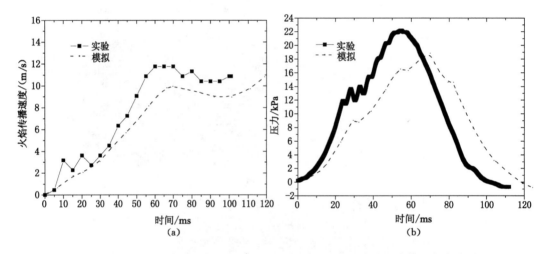

图 5-13　4.2 mL 超细水雾抑制 9.5％瓦斯/空气爆炸压力和火焰速度模拟与实验对比
(a) 火焰速度；(b) 压力

大火焰传播速度降至 10 m/s，最大超压降至 18.09 kPa，与实验误差值分别为 15.1％和 18％。以上现象都说明，在抑制瓦斯爆炸过程中，超细水雾的冷却作用十分明显。

5.4.3　气液两相介质抑爆模拟结果与讨论

图 5-14 为稀释体积分数为 10％的 CO_2 和 8.4 mL 超细水雾作用下管内气体温度分布、水雾温度分布、火焰锋面气相反应速率、水雾蒸发速率分布模拟结果与实验对比。从模拟火焰传播过程来看，在气液两相介质作用下，火焰传播时间达到 447 ms 以上，火焰传播速度比实验结果稍快；但模拟中没有出现"蛇形"火焰。从图 5-14(b)管内温度分布云图可以看出，在 10％的 CO_2 和 8.4 mL 超细水雾作用下，最大火焰温度在 1 700 K 左右，比实验测试 1 084 K 高出约 36.2％。同时，从图 5-15 瓦斯爆炸超压和火焰传播速度模拟与实验结果对比来看，最大火焰速度和最大超压均明显大于实验结果；另外，火焰传播速度曲线和超压曲线在峰值来临之前与实验结果比较接近，而在后期则明显大于实验结果。

模拟与实验测试出现较明显的误差，其原因与水雾沉降有关，8.4 mL 通入量时初始

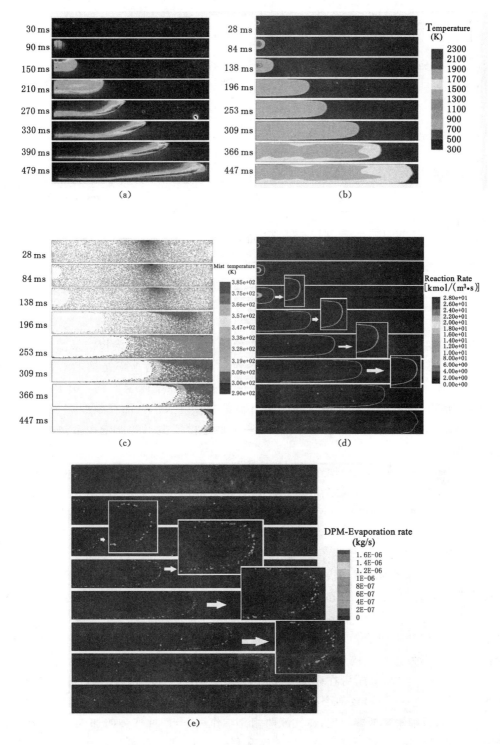

图 5-14　10%CO_2-8.4 mL 超细水雾作用下温度分布、水雾温度分布、
气相反应速率和火焰锋面水雾蒸发速率分布模拟与实验结果对比

（a）实验中高速相机拍摄的火焰图片；（b）管内气体温度分布数值模拟结果；

（c）模拟管内水雾温度分布；（d）模拟火焰锋面气相反应速率分布；（e）模拟火焰锋面水雾蒸发速率分布

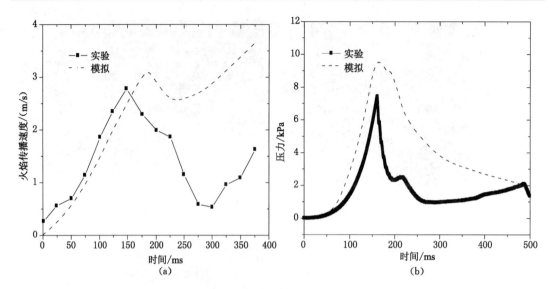

图 5-15　10％CO₂-8.4 mL 超细水雾抑制 9.5％瓦斯/空气爆炸压力和火焰速度模拟与实验对比

（a）火焰速度；（b）压力

水雾质量浓度已经高达 0.69 kg/m³，通过实验图片图 5-14(a)和模拟结果图 5-14(c)能看出水雾浓度已非常密，水雾的拥塞作用和不均匀分布会影响火焰结构的对称性，加剧火焰上浮；随着火焰传播距离的增加，火焰的不对称结构在受限空间约束作用下会进一步影响火焰形态，因此在实测火焰传播后期出现了"蛇形"火焰。而在模拟中一方面水雾是均匀分布的，因此火焰结构对称性较好；另一方面是模拟中未考虑壁面散热的影响，火焰传播更快。

　　图 5-14(c)为气液两相介质作用下雾滴温度分布云图，对比单一细水雾作用的情况，即图 5-10(c)和图 5-11(c)，在火焰传播过程中，火焰锋面对水雾的预热区厚度大约在 53 ms 以后显著增加，其原因是泄压发生后，新鲜空气进入，管内预混气体的燃烧程度增强。然而，由于气液两相介质作用下火焰传播速度被明显抑制，雾滴蒸发速度加快也被显著抑制，直到 196 ms 以后，火焰锋面对水雾的预热区厚度才显著增加。

　　从图 5-14(d)超细水雾与火焰相遇时火焰锋面气相反应速率分布云图可以看出，气相反应速率最大值为 28 kmol/(m³·s)，远远低于纯细水雾的作用情况。

　　从图 5-14(e)10％CO₂ 和 8.4 mL 超细水雾作用下火焰锋面处水雾蒸发速率分布云图可以看出，除了初期点火阶段，在火焰传播前期，云图中红色的雾滴颗粒相数量明显减少，最大水雾蒸发速率大约为 1.6×10⁻⁶ kg/s；雾滴颗粒相以绿色为主，即蒸发速率在 6～8×10⁻⁷ kg/s。另外，泄压后在火焰传播至管道后半段，红色的雾滴颗粒相数量也少于纯细水雾作用的工况，说明在整个火焰传播过程中，雾滴的蒸发速率都处于较低的水平。

　　综上，与纯细水雾抑爆相比，在气液两相介质作用下，惰性气体的加入能快速抑制火焰锋面的气相反应速率，降低了火焰传播速度和释热速率，进而降低了细水雾蒸发速率，延长了雾滴在火焰区的生存时间，更好地发挥了细水雾的冷却作用，说明惰性气体与超细水雾协同抑爆时具有良好的相间耦合作用。

5.5 本章小结

(1) 以实验管道为原型,建立了气液两相介质抑制瓦斯爆炸的二维数值计算模型。在数值模拟中,采用 k-ε 双方程模型模拟湍流流动,EDC 模型来计算湍流燃烧速率,采用 DPM 模型模拟气液两相流流动与传热传质过程,介绍了初始条件和边界条件设定,并结合实验数据,对网格无关性进行验证,选择兼顾计算精度和计算成本的网格条件。

(2) 选取了几个典型的不同细水雾喷雾量、不同惰性气体种类与不同气液两相介质为模拟工况,对其进行了抑制 9.5％甲烷/空气预混气爆炸过程的数值模拟研究,并通过对比相关实验与模拟结果,验证了数值模拟方法和计算结果的可靠性,并从火焰传播速度、超压、气相温度、火焰锋面气相反应速率、液相水雾温度、水雾蒸发速率等角度分析了惰性气体与细水雾的相间耦合作用机制,解释了气液两相介质协同抑爆增效的原因。主要结论如下:

① 在稀释体积分数为 10％的 N_2 或 CO_2 作用下,CO_2 表现出了更好的抑制作用。在模拟和实验的结果对比方面,火焰传播动态过程模拟效果较好,火焰结构演变过程十分相似,但模拟的火焰最高温度、超压和火焰传播均稍大于实验结果,其原因是未考虑管道散热的影响。

② 超细水雾抑爆模拟的变化趋势与实验结果较为接近,但数值模拟火焰传播速度和超压比实验测试要低一些。在靠近火焰锋面未燃区内温度有一个预热层,随着水雾量的增加,预热层越厚,冷却作用也越明显,进而降低火焰锋面的气相反应速率。另外,细水雾通入量必须增加到一定程度后,才能在管道内形成足够密集的水雾浓度,对整体火焰传播产生较为明显的抑制。

③ 从气液两相介质模拟结果来看,最大火焰速度和超压峰值均有显著降低,火焰温度下降明显,但均大于实验结果;火焰传播速度曲线和超压曲线在峰值来临之前与实验结果比较接近,而在后期则明显大于实验结果;火焰传播时间有显著延迟;再有火焰形状也有较大差别,但模拟中没有出现"蛇形"火焰。其原因是模拟中没有考虑水雾分布的不均匀和管壁散热作用。

④ 通过数值模拟,阐明了惰性气体与超细水雾协同抑爆时具有良好的相间耦合作用过程。即在气液两相介质作用下,惰性气体能快速抑制火焰锋面的气相反应速率,降低火焰传播速度和释热速率,导致雾滴蒸发速率也被显著抑制,进而延长了细水雾在火焰区的生存时间,更好地发挥了细水雾的冷却作用,又如此循环,最终导致了瓦斯爆炸火焰传播和压力的衰减。

6 气液两相介质协同抑制瓦斯爆炸机理研究

本书的第3、4、5章分别从实验测试和数值模拟的角度系统地分析了气液两相介质抑制瓦斯爆炸的协同增效作用。由于在管道等受限空间内，燃烧速率的改变往往能对火焰传播速度和压力变化速率产生很大影响，瓦斯爆炸火焰传播加速的根本原因是由于火焰自身失稳而导致不断加速的过程。而通过第4章的实验分析，发现惰性气体与超细水雾协同作用下对9.5%甲烷/空气预混气火焰传播速度、火焰形状及结构有较大影响。因此，本章主要结合火焰不稳定性的相关理论，进一步分析气液两相介质对瓦斯火焰形态结构及火焰加速的影响；另外，结合流体力学、热力学的基本理论，分析气液两相介质对瓦斯爆炸火焰燃烧速率的影响因素，进一步探讨惰性气体与超细水雾抑爆的耦合作用机制，旨在揭示气液两相介质协同抑制瓦斯爆炸的机理。

6.1 瓦斯爆炸火焰传播加速机理与火焰不稳定性

6.1.1 瓦斯火焰传播加速机理

瓦斯爆炸是从点火源开始不断传播，到整个受限空间内的可燃气体全部参与燃烧的过程。目前关于管道内瓦斯爆炸加速机理的主要理论有：湍流加速机理、火焰阵面与压力波的相互作用的正反馈机理。

湍流加速机理是指可燃气体点火成功后，在黏性、壁面（粗糙、冷却）等效应的作用下，火焰锋面各质点的速度不均匀，使得火焰锋面"湍流化"，而火焰锋面褶皱会引起表面积增大，加大火焰锋面与未燃气体之间的质量和热量传输，从而促进燃烧爆炸反应的进行。因此，湍流燃烧是由湍流的流动性质和化学反应动力学因素共同作用的结果，其中流动特性的作用更大。

火焰阵面与压力波的相互作用的正反馈机理主要是指火焰在管内传播过程中，在密闭空间内，受到壁面约束形成前驱压力波，前驱压力波对未燃气体压缩和加热，导致火焰加速，最终使火焰波赶上前驱压力波，形成爆轰，属于气体动力学的反馈机理。因此，在可燃气体的燃烧过程中，火焰形状与气体流动相互作用。未燃可燃气随着湍流涡团进入火焰阵面，燃烧过程导致管内压力、速度、温度等流场参数迅速变化，进而导致对流、传热、传质等现象的发生[136]。因此，瓦斯爆炸在管道内火焰传播加速的根本原因是由于火焰自身失稳而导致不断加速的过程，在管道约束条件下，形成了对称的压力波，将促进火焰加速，进而形成对称的火焰结构，又如此循环。故而，可以认为在气液两相介质作用下，由于管道内没有障碍物，不对称的火焰结构就意味着形成的压力波不对称，这将减少已燃区和未燃区之间的传热与传质传输，导致火焰传播速度的降低。因此，有必要进一步研究惰性气体和细水雾对火焰不稳定性和火焰传播结构的影响。

6.1.2　火焰不稳定性

随着可视化技术的快速发展,火焰不稳定性通过对火焰形状的捕捉得以展现。根据前人的研究,Aung、Kwon[137-139]等人研究了造成预混火焰失稳的原因,并将其分为三种类型,即浮力(体积力)因素、热-质扩散不稳定因素和流体力学不稳定因素。

(1)浮力(体积力)因素

也称为 Rayleigh-Taylor 不稳定性,是指预混气燃烧时由于已燃区与未燃区密度差,在重力及其诱发的浮力作用下,引起火焰上浮的不稳定现象。它常发生在燃烧极限且火焰燃烧速度相对较小或燃烧总体积足够大使得燃烧过程相对较长的情况[123]。结合图 6-1 所示,在 $10\%N_2$-8.4 mL 超细水雾的工况的火焰传播火焰图片中,由于惰性气体的扩散性优于超细水雾,加上细水雾的蒸发不均与沉降的存在,势必会加剧已燃区与未燃区之间的密度差梯度。这会使得火焰在浮力作用下,上部火焰的传播速度大于下部火焰的传播速度,火焰整体上浮。在任何火焰传播过程中,浮力因素是始终存在的。在气液两相介质作用下,由于燃烧放热总体是下降的,火焰锋面在浓度足够密集的细水雾的拥塞作用下,火焰锋面上部周围的雾滴蒸发较快,因而又加剧了火焰上浮,甚至在传播后期出现"蛇形"火焰,火焰传播结构变为不对称性结构。

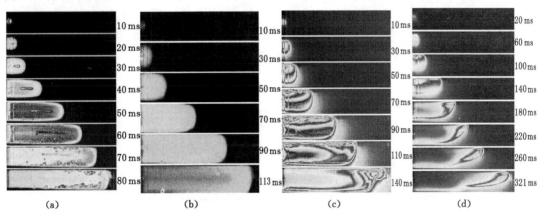

图 6-1　浮力不稳定性的表现

(a) $9.5\%CH_4/air$;(b) $N_2 10\%$;(c) 8.4 mL 超细水雾;(d) $N_2 10\%$-8.4 mL 超细水雾

(2)热-质扩散不稳定因素

在火焰传播过程中,火焰锋面存在同时传热和传质过程。这两种扩散的能量比可以由 Lewis 数表示,即 Le[140]:

$$Le = \frac{\text{热扩散能力}}{\text{质量扩散能力}} = \frac{\alpha}{D_{iM}} \tag{6-1}$$

其中　α——未燃气体的热扩散系数:

$$\alpha = \frac{\lambda}{\rho_u c_p} \tag{6-2}$$

式中　λ——未燃气体的导热系数;

　　　ρ_u——未燃气体的密度;

　　　c_p——未燃气体的定压比热;

D_{iM}——反应物的质量扩散系数,可表示为:

$$D_{iM} = \Big(\sum_{\substack{j=1 \\ j \neq i}}^{n} V_j / D_{ij} \Big)^{-1} \tag{6-3}$$

式中 i——极限反应物;

V_j——第 j 种物质的体积分数;

D_{ij}——第 j 种物质的未燃气体的质量扩散系数。

热-质扩散不稳定机制如图 6-2 所示。当 $Le > 1$ 时,热扩散大于质量扩散,对于受正向拉伸的火焰前锋面包络的控制体为已燃气,火焰凸出部分表面散热比质量扩散更快,但由于质量扩散程度不足,导致反应物供给不足。因此对其进行能量平衡分析,净能量是负值,将导致火焰温度降低,燃烧速率也随之降低。相反,火焰凹陷部分,对于受负向拉伸的火焰,其前锋面包络的控制体为未燃气体。对其进行能量平衡分析,未燃气体强烈的质量扩散要大于热扩散引起的能量损失,燃烧加剧,凹陷程度逐渐减小,因此火焰面整体趋向于稳定。当 $Le < 1$ 时,凸出和凹陷效应将增强,因此火焰迅速失去其表面光滑度,火焰趋于不稳定。这种不稳定性经常发生在火焰传播的早期阶段,可以火焰表面的不规则扭曲来识别。并且,这种不稳定性也可以对流体力学不稳定性产生影响。

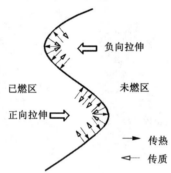

图 6-2 热-质扩散不稳定机制示意图[123]

结合图 6-3,与 4.2 mL 纯超细水雾工况相比,在 CO_2 与超细水雾的共同作用下,初期火焰结构中的胞格数量有明显减少,甚至当 CO_2 稀释体积分数达到 10% 后,火焰图片胞格消失。在火焰传播过程中,首先,由于惰性气体对可燃预混气的热分享效应和稀释效应,降低了初始爆炸气体的热值和反应速率,导致火焰传播速度降低,总体上来讲,降低了可燃气体与未然气体之间的质量传递。其次,当火焰阵面遇到细水雾雾滴群时,在水雾的拥塞和吸热作用下,增加了火焰的拉伸,则加剧了火焰锋面和已燃区的散热,导致火焰锋面热量扩散大于质量扩散,因此,随着惰性气体稀释体积分数和超细水雾通入量的增加,火焰传播速度低于单一抑爆剂作用情况,火焰自身的不稳定性降低。

(3) 流体力学不稳定因素

也称作 Darrieus-Landau 不稳定性。在预混气火焰传播过程中,由于火焰锋面两侧气体密度不同(ρ_u 为未燃区密度、ρ_b 为已燃区密度)导致火焰弯曲。如图 6-4 所示。对于凸出向未燃区的火焰锋面,未燃气体流经火焰面时,在曲率的影响下引起其流线发散偏折,导致气流速度降低。此时,火焰速度大于气流速度,进而造成火焰锋面向未燃区进一步凸出。对于

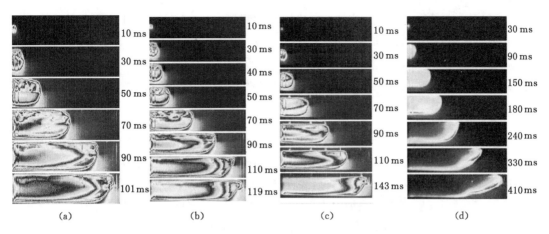

图 6-3 气液两相介质作用下热-质扩散不稳定减弱的表现

(a) 4.2 mL 超细水雾；(b) $CO_2 2\%$-4.2 mL 超细水雾；

(c) $CO_2 6\%$-4.2 mL 超细水雾；(d) $CO_2 10\%$-4.2 mL 超细水雾

凹向未燃区的火焰锋面，未燃气体流经火焰面时，同样受曲率的影响，造成气流流线的汇聚，引发气流速度加速。此时，气流速度大于火焰速度，进而造成火焰锋面进一步凹陷。总之，在流体力学因素作用下，火焰锋面始终是造成火焰不稳定的。例如，在管道火焰传播中"郁金香"火焰结构就是这类火焰不稳定性现象的典型代表。总结前人的研究成果表明：火焰的不稳定导致"湍流化"，燃烧速度加快，在壁面约束下形成压力波和火焰波相互作用，形成火焰加速，火焰传播加速又导致火焰阵面更大的变形，最终形成一个漏斗状的"郁金香"火焰形状[141,142]。在火焰传播过程中，流体力学因素始终存在，其强度与已燃气体和未燃气体的密度比（表征火焰的膨胀率）σ 呈正比，和火焰厚度 δ 呈反比[143]。

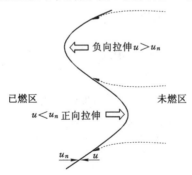

图 6-4 流体力学不稳定机制示意图[123]

$$\sigma = \frac{\rho_u}{\rho_b} \tag{6-4}$$

$$\delta = \frac{\upsilon}{S_l} \tag{6-5}$$

式中 υ ——未燃气体的动黏滞率；

S_l ——无拉伸层流燃烧速度。

较薄的火焰更容易在火焰锋面形成褶皱，导致火焰的表面积增加，产生较高的湍流燃烧速度;而厚的火焰更能经受旋流扰动,火焰褶皱的程度也小,而且不宜产生自加速。由于火焰厚度不容易确定,也可用热厚度 δ^T 来表示[144]:

$$\delta^T = \frac{T_b - T_u}{\max(\mathrm{d}T/\mathrm{d}x)} \tag{6-6}$$

式中　　T_b, T_u——已燃气体和未燃气体的温度;

　　　　$\mathrm{d}T/\mathrm{d}x$——温度梯度。

根据前面第 4 章、第 5 章的实验与模拟结果,在气液两相介质作用下,其对瓦斯爆炸火焰温度的降温作用优于单一抑爆剂作用的情况,因此,根据式(6-6),热厚度 δ^T 大于单一抑爆作用情况,这意味着在气液两相介质作用下火焰厚度增加,增加了火焰锋面的抗扰动能力。另外,膨胀率 σ 反映了火焰前锋前后已燃区和未燃区密度的变化,而密度与温度正相关,可见,膨胀率也是减小的。因此,在气液两相介质作用下,瓦斯爆炸火焰的不稳定性降低。

综上分析,当火焰传播速度够小时,体积力效应引起火焰上浮,加剧改变火焰结构。热-质扩散因素因混合物初始条件的不同可能是稳定性因素也可能是不稳定性因素[143],对于管道等具有一定长径比的受限空间,在没有障碍物等激励条件的情况下,火焰结构对称性越好,受壁面约束作用产生对称的压力波,进一步加速可燃气体的流速,导致热量扩散和质量扩散同时增加,势必加剧火焰不稳定性,火焰实现加速;相反,火焰结构对称性越差,火焰波与压力波不能形成耦合,热量扩散大于质量扩散,火焰传播速度就会降低。流体力学不稳定因素虽属于绝对不稳定因素,但气流速度是其影响火焰不稳定性的主要因素,并和热-质扩散因素共同加速火焰的失稳过程[143]。由此可见,无论是流体力学因素或是热-质扩散因素,预混气体初期火焰传播速度都是影响火焰失稳的关键因素。因此,在受限空间内,降低初期火焰燃烧速率,增强初期火焰自身的稳定性,使热量扩散大于质量扩散,从而降低火焰传播速度,这是抑制管道内可燃气体火焰传播的有效途径。

6.2　惰性气体增强初始瓦斯爆炸火焰稳定性分析

通过第 3、4、5 章的研究,可以看出在气液两相介质作用下,惰性气体对初期火焰传播速度有很大影响。目前,国内外学者关于惰性气体对预混气体火焰稳定性影响的研究主要是在定容燃烧弹中,利用高速度纹影仪研究球形火焰的层流预混燃烧特性展开。对于可燃预混气火焰在管道内的传播,虽然与球形火焰的传播过程不同,火焰结构会受到管壁约束变形,但通过高速相机拍摄的火焰图片可以发现,在火焰传播初期受点火位置(位于管道一端)的影响,火焰形状是"半球形",初期传播过程中火焰锋面也有一定曲率。因此,本小节借鉴研究球形火焰层流火焰传播特性的相关理论,来解释惰性气体对瓦斯爆炸火焰稳定性的影响。

6.2.1　层流燃烧速度和马克斯坦长度

对于球形扩散火焰,拉伸火焰传播速度可以表示为[143]:

$$v_s = \frac{\mathrm{d}r_u}{\mathrm{d}t} \tag{6-7}$$

式中　　r_u——球形火焰半径。

由于在火焰传播过程中的火焰锋面是有一定曲率的,火焰锋面拉伸的效果也必然会对火焰传播速度产生影响。因此,在此需引入拉伸率 K 来表达流场的不均匀性引起火焰锋面的变化。

$$K = \frac{d(\ln A)}{dt} = \frac{1}{A} \cdot \frac{dA}{dt} = \frac{2}{r_u} \frac{dr_u}{dt} = \frac{2}{r_u} \cdot v_s \qquad (6\text{-}8)$$

根据马克斯坦理论,在火焰初期球形拉伸火焰传播速度 v_s 与拉伸率 α 呈明显的线性关系,具体表达式如下[143,145]:

$$v_{us} - v_s = L_b \cdot K \qquad (6\text{-}9)$$

式中 v_{us}——无拉伸火焰传播速度;

   L_b——Markstein 长度。

对公式进一步变形可得:

$$v_{us} = -L_b \cdot K + v_s \qquad (6\text{-}10)$$

由式(6-10)可知,马克斯坦长度 L_b 为 v_{us} 与 K 的线性关系的负斜率,无拉伸火焰传播速度 v_s 为其截距。马克斯坦长度表征了火焰对拉伸的敏感程度。当 $L_b > 0$ 时,火焰传播速度随拉伸的增加而减小,对于凸出的火焰锋面来说,其火焰传播速度得到抑制,总体上火焰是趋于稳定的;相反,当 $L_b < 0$ 时,火焰传播速度随拉伸的增加而增加,对于凸出的火焰锋面来说,其火焰传播速度反而又增加了,加剧了热-质扩散不稳定性,火焰也就愈发不稳定。

在理想平面火焰传播条件下,根据火焰前锋的质量守恒,层流燃烧速度 S_l 与无拉伸火焰传播速度 v_{us} 存在如下关系[143]:

$$A_f \rho_u S_l = A_f \rho_b v_{us} \qquad (6\text{-}11)$$

式中 S_l——层流火焰传播速度;

   A_f——火焰前锋面积;

   ρ_u , ρ_b——未燃气体和已燃气体的密度。

简化后可得:

$$S_l = \frac{\rho_b v_{us}}{\rho_u} \qquad (6\text{-}12)$$

根据泽尔多维奇等人提出的层流火焰传播理论,层流火焰传播速度与热扩散系数和反应速率的平方根呈正比,表明层流火焰传播速度主要是受扩散运输和反应动力学的影响[145]。同时根据质量作用定律,反应物浓度越大,反应速率就越快。因此,在惰性气体稀释下层流火焰传播速度大为降低。

6.2.2 惰性气体对初始瓦斯爆炸火焰稳定性的影响

前人的研究表明:惰性气体对可燃预混气的基本燃烧特性起着重要影响。苗海燕等[144]在定容燃烧弹内研究了掺氢天然气/空气/稀释气体混合气的层流火焰传播过程,结果表明:在 N_2 和 CO_2 稀释下,氢气的 Markstein 长度均随着稀释度的增加而减小;而天然气的 Markstein 长度则随着稀释度的增加而增加。可见,添加惰性气体可以增强瓦斯火焰的稳定性。如图 6-5 所示。

Qiao 等人[117]研究了稀释体积分数为 0~40% 的氦、氩、氮、二氧化碳四种稀释剂对氢/空气预混火焰层流燃烧速度和火焰对拉伸的影响,结果表明:虽然加入稀释剂普遍降低了马克斯坦数,火焰更容易优先扩散,增加了不稳定性,但是由于热-质扩散不稳定性,火焰锋面

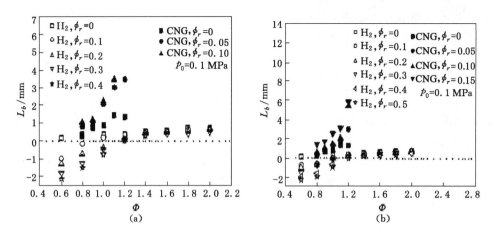

图 6-5 N$_2$、CO$_2$稀释时的氢气、天然气 Markstein 长度[144]

(a) N$_2$；(b) CO$_2$

褶皱增加,抵消了降低 Markstein 数的趋势,最终降低了预混火焰的层流燃烧速度,如图 6-6 所示。四种惰性气体降低火焰传播速度能力顺序为:氦气,氩气,氮气,二氧化碳。本书的研究结果与该文献一致。

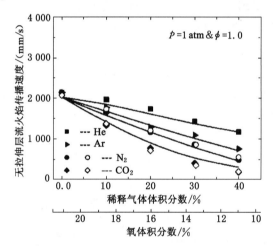

图 6-6 标准条件下化学当量比氢/空气预混火焰的无拉伸层流燃烧速度
随 He、Ar、N$_2$ 和 CO$_2$ 稀释比的变化与预测[117]

根据第 4 章气液两相介质对瓦斯爆炸的抑制实验数据,随着惰性气体稀释浓度的增加,气液两相介质对瓦斯爆炸火焰传播速度的降低幅度远远优于单一抑爆剂证明了这一点。而火焰形状也由对称的"指形"、"平面形"变为不对称的"斜面形",甚至"蛇形"结构,体现出在管道等受限空间内,添加惰性气体能有效降低初始火焰传播速度,在水雾的拥塞和降温作用下,加大火焰拉伸,引起火焰结构不对称,导致压力波对火焰阵面的压缩作用必然降低,如此继续,火焰传播不断被抑制,降低了火焰传播在大长径比管内的火焰加速的概率。因此,惰性气体降低初始火焰传播速度可以被看作气液两相介质协同抑爆增效的先导机制。

6.3 气液两相介质协同抑制瓦斯爆炸机理

6.3.1 气液两相介质作用下瓦斯爆炸火焰锋面的传质与传热分析

密闭空间内可燃气体爆炸过程非常复杂,火焰波和压力波的传播受空间形状、障碍物等多种因素的影响。在抑爆过程中,惰性气体能与瓦斯气体快速混合,稀释燃料与氧气的浓度,直接影响燃烧反应速度;而雾滴蒸发吸热必须满足一定的温度条件,因此,惰性气体和细水雾的稀释作用对瓦斯燃烧速率的影响不容忽视。

首先需要进行一些假设:

(1) 在容器中充满均匀混合的预混气体,在管道一侧进行弱点火,形成层流火焰;

(2) 忽略火焰锋面厚度,采用两区模型(只有已燃区和未燃区);

(3) 已燃区和未燃区绝热平衡,即已燃区的热量全部用来加热未燃气体;

(4) 火焰前锋后已燃气体的燃烧特性参数(如密度)均匀,可以近似为绝热温度下的平均值;

(5) 容器内的混合物服从理想气体定律。

单位时间内燃烧的质量为:

$$\frac{\mathrm{d}m_u}{\mathrm{d}t} = -\rho_u A v \tag{6-13}$$

式中 m_u ——燃料质量,kg;

         ρ_u ——燃料密度,kg/m³;

         A ——火焰锋面面积,m²;

         v ——燃烧速度,m/s。

若用物质的量表述,应用理想气体状态方程将密度用压力替换,则有[146]:

$$\frac{\mathrm{d}n_u}{\mathrm{d}t} = -\frac{p}{RT_u} A v \tag{6-14}$$

式中 p ——绝对压力;

         n_u ——未燃气体物质的量;

         R ——通用气体常数。

总的燃料质量等于已燃气体和未燃气体的质量之和。

$$m = m_u + m_b \tag{6-15}$$

或

$$m = \overline{M}_u n_u + \overline{M}_b n_b \tag{6-16}$$

式中 $\overline{M}_u, \overline{M}_b$ ——未燃气和已燃气的平均相对分子质量;

         n_u, n_b ——已燃气和未燃气体物质的量。

根据质量守恒定律,有:

$$\frac{\mathrm{d}m}{\mathrm{d}t} = 0 \tag{6-17}$$

联立式(6-14)和式(6-15)得[146]:

$$\frac{\mathrm{d}n_b}{\mathrm{d}t} = \frac{Ap}{RT_u}\frac{\overline{M}_u}{\overline{M}_b} v \tag{6-18}$$

考察气体爆炸反应方程,对于大多数烃类气体有:

$$n_i \approx n_e$$

式中　　n_i, n_e ——初态和终态气体物质的量。由于爆炸前后质量守恒,因此有:[146]

$$\overline{M}_u \approx \overline{M}_b$$

则式(6-18)变为:

$$\frac{\mathrm{d}n_b}{\mathrm{d}t} = \frac{Ap}{RT_u} v \tag{6-19}$$

根据 Benedetto 等人提出的燃烧速率与反应组分之间的关系[36]:

$$v = \left[2\alpha(\phi+1)\frac{\omega}{\rho_u} \right]^{1/2} \tag{6-20}$$

式中　　ϕ ——燃料化学计量质量比;

　　　　ρ_u ——已燃气的密度;

　　　　α ——热扩散速率, $\alpha = \dfrac{\lambda}{\rho_u c_p}$。

对于瓦斯反应速率 ω,可以根据 Arrhenius 公式来计算:

$$\omega = k\exp(-E_a/RT)C_F^m C_O^n \tag{6-21}$$

式中　　k ——反应常数;

　　　　E_a ——反应活化能;

　　　　C_F, C_O ——瓦斯和氧的浓度。

在模拟时甲烷的化学动力学参数可参考文献[129]。则式(6-19)变为:

$$\frac{\mathrm{d}n_b}{\mathrm{d}t} = \frac{Ap}{R\rho_u T_u}\left[2(\phi+1)\frac{\lambda k\exp(-E_a/RT)C_F^m C_O^n}{c_p} \right]^{1/2} \tag{6-22}$$

由式(6-22)可看出,瓦斯爆炸火焰燃烧速率取决于压力、火焰区的平均温度和组分浓度。在气液两相介质抑爆过程中,由于细水雾必须经过蒸发后才能发挥稀释作用,而加入惰性气体则能直接稀释可燃预混气组分浓度,更迅速地影响预混气的传质进程。

抑爆剂对火焰的吸热主要体现在高温分解、蒸发和吸热,可以得到火焰锋面处的热平衡方程[147]:

$$\rho u c_p \frac{\mathrm{d}T}{\mathrm{d}x} = \frac{\mathrm{d}}{\mathrm{d}x}\left(\lambda \frac{\mathrm{d}T}{\mathrm{d}x}\right) - \rho\left(\sum_k Y_k V_k c_{pk}\right)\frac{\mathrm{d}T}{\mathrm{d}x} - \sum_k h_k \omega_k M_k - Q_l \tag{6-23}$$

其中:

$$Q_l = Q_r + Q_0 = \frac{4}{3}\pi r^3 \rho_d c_{pd}(T_M - T_0) + 4\pi r^2 N_d L_d \tag{6-24}$$

式中　　x ——空间直角坐标;

　　　　u ——气体流速;

　　　　Y_k ——气相质量分数;

　　　　ρ ——气相质量密度;

　　　　N_d ——液滴数量密度;

　　　　V_k ——扩散速度;

　　　　λ ——导热系数;

　　　　c_p ——定压热容;

M_k——组分的摩尔质量,均相反应产生物的摩尔生产率表示为 ω_k;

Q_l——传给液滴的总热量,其中一部分用于加热液滴,一部分用于蒸发;

L_d——液滴的摩尔汽化潜热;

r——液滴半径。

方程(6-23)代表了惰性气体和细水雾的热吸收和蒸发效应。式(6-24)第一项代表显热,随液滴温度的变化而变化,所有进入液滴的能量由周围的气体提供;第二项代表汽化潜热,是随液滴温度变化到汽化温度蒸发产生的热量。细水雾的吸热效应大于惰性气体,而细水雾的蒸发潜热可以看作常数,因此,气液两相介质的吸热作用主要受温差的影响。通过第3、4章的实验结果可知,在气液两相介质作用下,其对火焰温度的抑制作用要优于单一抑爆剂。可见,在气液两相介质作用下,传热进程得到了更好的抑制。

综上,在气液两相介质抑制作用下,惰性气体能直接稀释可燃预混气组分浓度,更迅速地影响预混气的传质进程,之后两者共同发挥了吸热作用,因此,气液两相介质抑爆过程本质上是实现了对瓦斯爆炸火焰锋面传质与传热进程的协同抑制。

6.3.2　气液两相介质抑制瓦斯爆炸的相间耦合作用机制

首先,根据薄膜理论得出的强迫气流中液滴蒸发时间计算公式如式(6-25)所示[118]:

$$t = \frac{d_s - d_0}{K_m} \tag{6-25}$$

式中:

$$K_m = \frac{d\lambda_m Nu}{Pec_{pm}} \ln(1 + B_T) \tag{6-26}$$

其中　λ_m——混合气体的导热系数;

c_{pm}——混合气体定压热容;

B_T——传热数[116];

Pe——贝克莱数,$Pe = vl/D_m$;

v——流体的特征速度;

l——流场的特征尺寸;

D_m——分子扩散系数,反映了强迫扩散与分子扩散之比;

Nu——努塞尔数;

d_s——当前液滴直径;

d——初始液滴直径。

可见,在惰性气体的优先扩散稀释作用下,使火焰以较低的燃烧速度传播,Nu 数减小,K_m 随之减小,液滴蒸发时间延长,进而允许液滴在火焰区有更长的停留时间使雾滴蒸发,增强了对火焰阵面和已燃气体的冷却作用,降低了瓦斯燃烧速率和压力上升速率,惰性气体与超细水雾之间产生了良好的相间耦合作用,提高了抑爆效果。

另外,由于惰性气体扩散能力优于细水雾雾滴,在优先扩散作用下,初始火焰传播速度大大降低,从本质上是增加了初期火焰的稳定性;在惰性气体和细水雾的共同作用下,火焰传播速度、温度不断下降,降低了未燃气体的膨胀率,同时又增加了火焰厚度,火焰的稳定性增强,即增强了火焰峰面的抗变形能力,允许更大粒径的液滴进入火焰锋面。

Yang[122]和 Modak[147]等人研究了化学当量比甲烷/空气火焰结构与液滴的相互作用,

也曾提出细水雾对火焰的抑制作用主要是热量吸收,小液滴比较大的液滴在整个化学计量范围内更有效,对于甲烷/空气火焰"最佳抑制效率"水雾粒径为 $10~\mu m$;并提出对于远离化学当量的情况,抑爆效果对水滴粒径没有那么敏感,小液滴的抑制有效性随着燃烧速度减小而降低。因此,在抑爆工程实践中采用气液两相介质抑爆技术,可以降低对细水雾粒径的要求,兼具有效性和经济性。

同时,在细水雾的拥塞和吸热作用下,加剧了火焰上浮现象,火焰出现不对称结构;在壁面约束作用下,不对称的火焰结构诱发产生了不对称的压力波(反射波),进而降低了对已燃气体的压缩作用,如此循环,最终削弱了火焰波和压力波之间相互促进的加速机制,火焰传播得到抑制。

6.4 本章小结

(1) 通过对气液两相介质作用下瓦斯爆炸火焰锋面的传质与传热分析,提出由于细水雾必须经过蒸发后才能发挥稀释作用,加入惰性气体则能直接稀释可燃预混气组分浓度,更迅速地影响预混气的传质进程;之后惰性气体与细水雾共同发挥了吸热作用,因此,气液两相介质的抑爆过程本质是对瓦斯爆炸火焰锋面传质与传热进程的协同抑制。

(2) 分析了惰性气体与超细水雾协同抑爆时的相间耦合作用机制。在气液两相介质作用下,在惰性气体优先扩散作用下,初始层流燃烧速度大大降低;当火焰以较低的燃烧速度传播,进而允许更大粒径的液滴和更长的停留时间使雾滴在火焰区蒸发,增强了对火焰阵面和已燃区的冷却作用,因此瓦斯爆炸反应速率大大降低。

(3) 分析了惰性气体和细水雾对火焰稳定性、结构对称性和火焰加速的影响,并对其影响管道内火焰传播加速机制的形成进行了探讨。得到结论如下:在惰性气体和细水雾的共同作用下,火焰传播速度、温度下降,降低了未燃气体的膨胀率,同时又增加了火焰厚度,火焰的稳定性增强。在细水雾的拥塞和吸热作用下,加剧了对火焰的拉伸作用,火焰出现不对称结构,导致压力波对未燃气体的压缩作用必然降低,如此继续,削弱了火焰波和压力波之间相互促进的加速机制,降低了火焰传播在大长径比管道火焰加速的概率。

7　结　　论

7.1　主要结论

可燃气体爆炸防治是我国当前工业安全和公共安全研究的热点。本书基于自行搭建的惰性气体-超细水雾抑制管道瓦斯爆炸测试系统,通过实验测试、理论分析与数值模拟的方法,系统开展了气液两相介质抑制瓦斯爆炸协同规律及机理研究,旨在为推广惰化细水雾抑爆技术提供科学支撑。本书的主要结论有:

(1) 惰性气体能显著影响爆炸火焰传播速度和爆炸超压。一方面,惰性气体稀释体积分数是影响抑制火焰传播的重要因素,稀释体积分数越高,抑制效果越好;另一方面,惰性气体种类对爆炸的抑制效果也有明显不同,由于 CO_2 有物理抑制和化学抑制作用,惰化能力最强。四种惰性气体对瓦斯爆炸火焰传播的惰化能力由高到低为 CO_2、N_2、Ar 和 He。

(2) 超细水雾通入量(质量浓度)是影响抑制瓦斯爆炸效果的主要因素。细水雾通入量增至 12.6 mL(1 041.7 g/m³),抑制 9.5% 甲烷/空气预混气爆炸达到良好抑制水平。细水雾量继续增加,整体抑制效果仍在增加,但抑制最大超压、火焰传播速度和最大火焰温度的提高幅度减小,体现出细水雾抑爆具有"平台效应"。另外,在较低的细水雾量下,火焰形状图片中出现明显的胞格和分层现象。

(3) 从单一抑爆剂对瓦斯爆炸的抑制效果来看,惰性气体在对爆炸火焰传播速度、爆炸超压方面的抑制效果优于超细水雾,而超细水雾对火焰温度的降温作用要大于惰性气体,但两者要实现对瓦斯爆炸的完全惰化都需要相当高的浓度。如果要实现对 9.5% 甲烷/空气预混气的完全惰化,CO_2 的稀释体积分数应超过 22%,其他三种惰性气体的稀释体积分数应超过 28%;超细水雾的通入量(质量浓度)应超过 16.8 mL(1 388.9 g/m³)。

(4) 获得了气液两相介质抑制 9.5% 甲烷/空气爆炸的衰减特性,得到了惰性气体稀释体积分数、气体种类和细水雾通入量影响气液两相介质抑制甲烷/空气爆炸协同作用的变化规律。在惰性气体与超细水雾共同作用下,两者对 9.5% 甲烷/空气预混气爆炸抑制表现出了明显的协同增效作用。在少量惰性气体和超细水雾下,最大火焰传播速度及其峰值来临时间、最大超压及其峰值来临时间均出现了明显的下降与延迟;最大火焰温度较单一抑爆剂作用时也有明显下降。火焰传播速度曲线由"双峰"变为"单峰"特征,初期火焰传播速度的增长速度明显减缓,并出现了"滞涨期",随着气液两相介质控制参数的增加,"滞胀期"延长;火焰位置曲线体现"右斜"、"拐点"特点;爆炸超压曲线呈现明显的整体缓和趋势,超压曲线的峰值特征出现"双峰"或"三峰"特征。从火焰形状特征上看,与纯细水雾工况相比,在少量惰性气体和超细水雾下,初期火焰结构中的胞格数量有明显减少,甚至当惰性气体的体积分数与超细水雾通入量大于一定程度后,火焰图片胞格消失。同时,火焰形状产生了"斜面形",甚至"蛇形"等不对称结构。

然而,气液两相介质协同抑制 9.5% 甲烷/空气爆炸效果并不是随着惰性气体的体积分数与超细水雾通入量的增加而线性增长的。当惰性气体的体积分数和超细水雾的通入量增至一定程度后,协同抑爆增效作用会有显著提高;然而,气液两相介质的控制参数继续增加,抑爆增效作用的增长幅度逐渐缩小。

(5) 获得了气液两相介质抑制瓦斯爆炸的关键控制参数。为了达到一个经济、合理的控爆效果,气液两相介质的控制参数应达到一定水平,根据本书的研究,当 CO_2、N_2、He 和 Ar 四种惰性气体稀释体积分数达到 14%、细水雾通入量达到 8.4 mL(质量浓度 694.4 g/m^3)后,均能对 9.5% 甲烷/空气爆炸产生良好的抑制效果,且协同抑爆效果远远优于单一抑爆剂。其中,14%CO_2-8.4 mL 超细水雾下的协同抑爆效果最好,最大火焰传播速度为 1.59 m/s,比纯 14%CO_2 作用时下降 90.4%;最大超压为 7.48 kPa,比纯 14%CO_2 作用时下降 74.4%;最大火焰温度为 752 ℃,比纯 14%CO_2 作用时降幅达 52.25%。N_2、He 和 Ar 等与超细水雾的协同抑爆水平相差不大。尤其是当 CO_2 稀释体积分数达到 18%、细水雾通入量达到 12.6 mL(质量浓度 1 041.7 g/m^3)时,能实现对 9.5% 甲烷/空气预混气体的完全惰化。

(6) 将离散相两相流数值模拟应用于气液两相介质抑爆研究,模拟结果和实验结果比较吻合,获得了气液两相抑制剂作用下反应区的液相温度分布、水雾蒸发速率及气相反应速率的变化规律,阐明了惰性气体与细水雾协同抑制瓦斯爆炸的相间耦合作用机制。即在气液两相介质作用下,由于火焰锋面最大气相反应速率下降明显,导致初始火焰燃烧速度大大降低,则雾滴蒸发速率被显著抑制,进而允许更大粒径的液滴和更长的停留时间使雾滴在火焰区蒸发,增强了对火焰阵面和已燃区的冷却作用,又如此循环,最终导致了瓦斯爆炸火焰传播和压力的衰减,说明惰性气体与超细水雾协同抑爆时具有良好的相间耦合作用。

(7) 对瓦斯爆炸火焰锋面进行了传质和传热分析,分析了气液两相介质对瓦斯爆炸速率的影响,揭示了气液两相介质抑制瓦斯爆炸的协同机理。即惰性气体能直接稀释可燃预混气组分浓度,更迅速地影响预混气的传质进程,之后惰性气体与细水雾共同发挥了吸热作用,其本质是实现了对瓦斯爆炸火焰传质与传热进程的协同抑制。

(8) 探讨了惰性气体和细水雾对火焰稳定性和火焰传播加速机制的影响。添加惰性气体有利于降低层流火焰燃烧速率,增强初期火焰自身的稳定性;而在细水雾的拥塞和吸热作用下,加剧了对火焰的拉伸作用,火焰出现不对称结构,导致压力波对未燃气体的压缩作用必然降低,降低了已燃区和未燃区之间的传热传质进行,如此继续,削弱了火焰波和压力波之间相互促进的加速机制,火焰传播不断被抑制。

7.2 创 新 点

气液两相介质能综合发挥惰性气体、细水雾抑爆方面的优势,既有经济效益又有环境优势。本研究课题是针对清洁、高效惰化细水雾抑爆技术这一问题而开展的研究,有重要理论及现实意义,应用前景广阔,研究具有鲜明的特色。就创新点而言,可体现在以下几个方面:

(1) 在系统研究气液两相介质抑制 9.5% 甲烷/空气预混气爆炸衰减特性的基础上,获得了气液两相介质抑制甲烷/空气预混气爆炸的协同规律。发现气液两相介质的协同抑爆效果并不是随着惰性气体体积分数与超细水雾通入量的增加而线性增长的,当惰性气体的体积分数和超细水雾通入量增至一定程度后,协同抑爆增效作用显著提高;但气液两相介质的控制参数继续增加,抑爆增效作用的增长幅度逐渐缩小。

（2）获得了气液两相介质抑制瓦斯爆炸的关键控制参数,为其应用于抑爆工程实践提供了技术支持。发现 CO_2、N_2、He 和 Ar 四种惰性气体与超细水雾的控制参数达到一定值后,均能对 9.5％甲烷/空气爆炸产生良好抑制水平。其中 CO_2 与超细水雾的协同抑爆效果最好,甚至完全惰化 9.5％的甲烷/空气预混气,而 N_2、He 和 Ar 等与超细水雾的协同抑爆水平相差不大。这说明气液两相介质在提高抑爆效果的同时,可减少惰性气体和细水雾用量,并降低对惰性气体种类的限制。

（3）阐明了惰性气体与超细水雾协同抑爆的相间耦合作用机制,揭示了气液两相介质抑制瓦斯爆炸的协同机理。惰性气体可作为协同抑爆增效作用的先导机制,降低瓦斯爆炸火焰锋面的气相反应速率和火焰传播速度,增强初期火焰的稳定性;当火焰锋面以较低的速度遇到细水雾液滴群时,由于雾滴蒸发速率减缓和火焰厚度增加,允许更大粒径的液滴和更长的停留时间使雾滴在火焰区蒸发,增强细水雾对火焰阵面和已燃区的冷却作用,其本质是实现了对瓦斯爆炸火焰传质与传热进程的协同抑制,因此抑爆效率得到显著提高,为推广惰化细水雾抑爆技术提供了重要科学支撑。

7.3 存在问题和下一步展望

（1）对于气液两相介质抑制瓦斯爆炸机理,本书主要结合稀释效应、吸热效应对瓦斯爆炸反应速率的影响进行了初步理论分析,而关于两者对瓦斯爆炸链进程影响的量化研究还需利用化学动力学软件展开相关工作。

（2）由于受到实验条件的限制,实验测试内容存在一些遗憾,例如火焰稳定性方面仍需开展相关工作,需进一步量化气液两相介质对可燃气体爆炸火焰稳定性的影响。点火仅采用了固定能量的点火器,下一步可开展不同点火能量下气液两相介质抑制可燃气体爆炸的相关研究。

（3）测试的手段上可以采用光学测量方式,开展气液两相介质对爆炸流场湍流强度的影响研究等。

参 考 文 献

[1] 姚岚.2009—2013 我国煤矿事故统计分析[J].矿山测量,2015(1):71-72.

[2] 许浪.瓦斯爆炸冲击波衰减规律及安全距离研究[D].徐州:中国矿业大学,2015.

[3] 国土资源部油气资源战略研究中心.全国煤层气资源评价[M].北京:中国大地出版社,2009:256-257.

[4] 廖永远,罗东坤,李婉棣.中国煤层气开发战略[J].石油学报,2012,33(6):1098-1102.

[5] 苗永春,瓦斯矿井瓦斯爆炸事故的不安全动作原因分析[D].北京:中国矿业大学(北京),2016.

[6] 罗振敏,康凯.小尺寸管道内二氧化碳抑制甲烷爆炸效果的实验及数值模拟[J].中国安全科学学报,2015,25(5):42-48.

[7] 中华人民共和国公安部.二氧化碳灭火系统设计规范[M].北京:中国计划出版社,2010.

[8] Jones A,Thomas G O. The action of water sprays on fires and explosions:a review of experimental work[J]. Transactions of the Institution of Chemical Engineers,1993(71):41-49.

[9] 张鹏鹏.超细水雾增强与抑制瓦斯爆炸的实验研究[D].大连:大连理工大学,2013.

[10] Marian Gieras. Flame acceleration due to water droplets action[J]. Journal of Loss Prevention in the Process Industries,2008,21(4):472-477.

[11] Holborn P G,Battersby P,Ingram J M,et al. Estimating the effect of water fog and nitrogen dilution upon the burning velocity of hydrogen deflagrations from experimental test data[J]. International Journal of Hydrogen Energy, 2013, 38 (24):6882-6895.

[12] 余明高,朱新娜,裴蓓,等.二氧化碳-超细水雾抑制甲烷爆炸实验研究[J].煤炭学报,2015,40(12):2843-2848.

[13] 朱新娜.稀释气体和超细水雾抑制甲烷爆炸实验研究[D].焦作:河南理工大学,2016.

[14] Coward H F,Jones G W. Limits of flammability of gases and vapors[J]. US Bureau of Mines Bulletin,1952:530-533.

[15] Shigeo Kondo, Kenji Takizawa, Akifumi Takahashi, et al. Extended Le Chatelier's formula for carbon dioxide dilution effect on flammability limits[J]. Journal of Hazardous Materials,2006(A138):1-8.

[16] Qiao L,Gan Y,Nishiie T,et al. Extinction of premixed methane/air flames in microgravity by diluents:Effects of radiation and Lewis number[J]. Combustion and Flame,2010(157):1446-1455.

[17] Ganta S E,Pursella M R,Leab C J,et al. Connolly Flammability of hydrocarbon and carbon dioxide mixtures[J]. Process Safety and Environmental Protection,2011(89)：472-481.

[18] 喻健良,陈鹏. 惰性气体对爆燃火焰淬熄的影响[J]. 燃烧科学与技术,2008,14(3)：193-198.

[19] 赵涛. 惰性气体对管道内预混火焰淬熄的研究[D]. 大连:大连理工大学,2009.

[20] 钱海林,王志荣,蒋军成. N_2/CO_2混合气体对甲烷爆炸的影响[J]. 爆炸与冲击,2012,32(4)：445-448.

[21] 沈正祥. 可燃液体蒸气的爆炸特性及其抑制研究[D]. 南京:南京理工大学,2008.

[22] 王华,葛岭梅,邓军. 惰性气体抑制矿井瓦斯爆炸的实验研究[J]. 矿业安全与环保,2008,35(1):4-7.

[23] 王涛. 管道内甲烷爆炸特性及CO_2抑爆的实验与数值模拟研究[D]. 西安:西安科技大学,2014.

[24] 刘玉泉,林树山,韩宝东. 小距离煤层注氮防火抑爆技术[J]. 煤炭技术,2004(4)：66-67.

[25] 邱雁,高广伟,罗海珠. 充注惰气抑制矿井火区瓦斯爆炸机理[J]. 煤矿安全,2003,34(2):8-9.

[26] Hermanns R T E,Konnov A A,Bastiaans R J M,et al. Laminar burning velocities of diluted hydrogen-oxygen-nitrogen mixtures[J]. Energy Fuels,2007(21):1977-1981.

[27] Arpentinier P,Cavani F,Trifiro` F. The technology of catalytic oxidations[M]. Paris：Editions Technip,In：Safety aspects,volume 2,2001.

[28] Halter F,Foucher F. Effects of dilution on laminar burning velocity of premixed methane/air flames[J]. Energy and Fuels,2011,25(3)：948-954.

[29] Halter F,Foucher F,Landry L,et al. Effect of dilution by nitrogen and/or carbon dioxide on methane and isooctane air flames[J]. Combustion Science and Technology,2009,181(6)：813-827.

[30] Halter F,Chauveau C,Djebaili Chaumeix N,et al. Characterization of the effects of pressure and hydrogen concentration on laminar burning velocities of methane-hydrogen-air mixtures[J]. Proceedings of the Combustion Institute,2005,30(1)：201-208.

[31] Tahtouh T,Halter F,Mounaïm Rousselle C. Measurement of laminar burning speeds and Markstein lengths using a novel methodology[J]. Combustion and Flame,2009,156(9)：1735-1743.

[32] Tahtouh T,Halter F,Sa mson E,et al. Effects of hydrogen addition and nitrogen dilution on the laminar flame characteristics of premixed methane-air flames[J]. International Journal of Hydrogen Energy,2009,34(19)：8329-8338.

[33] Lachaux T,Halter F,Chauveau C,et al. Flame front analysis of high-pressure turbulent lean premixed methane-air flames[J]. Proceedings of the Combustion Institute,2005,30(1)：819-826.

[34] Hongmeng Li,Guoxiu Li,Zuoyu Sun,et al. Effect of dilution on laminar burning

characteristics of $H_2/CO/CO_2$/air premixed flames with various hydrogen fractions [J]. Experimental Thermal and Fluid Science,2016(74)：160-168.

[35] 牛芳,刘庆明,白春华,等.甲烷/空气预混气的火焰传播过程[J].北京理工大学学报, 2012,32(5):441-445.

[36] Di Benedetto,Di Sarli V,Salzano E. Explosion behavior of $CH_4/O_2/N_2/CO_2$ and $H_2/O_2/N_2/CO_2$ mixtures[J]. International journal of hydrogen energy,2009,34(2):6970-697.

[37] 胡栋,袁长迎,李萍,等.惰性物对爆炸的遏制[J].安全与环境学报,2003(8):11-12.

[38] 胡耀元,钟依均,应桃开,等.H_2,CO,CH_4多元爆炸性混合气体支链爆炸阻尼效应[J]. 化学学报,2004,62(10):956-962.

[39] Shrestha S O B,Karim G A. Predicting the effects of the presence of diluents with methane on spark ignition engine performance[J]. Applied Thermal Engineering, 2001,21(3)：331-342.

[40] Cohe C,Chauveau C,Gokalp I,et al. CO_2 addition and pressure effects on laminar and turbulent lean premixed CH_4 air flames[J]. Proceedings of the Combustion Institute, 2009,32(2)：1803-1810.

[41] Yang Zhang,Wenfeng Shen,Hai Zhang,et al. Effects of inert dilution on the propagation and extinction of lean premixed syngas/air flames[J]. Fuel,2015(157)：115-121.

[42] 陈思维,杜杨,薛楠.惰性气体抑制管道中可燃气体爆炸的数值模拟[J].天然气工业, 2006,26 (10):137-139.

[43] 王建,段吉员,赵继波,等.惰性气体对可燃气体爆炸反应进程的阻尼效应研究[J].工业安全与环保,2011,37(7):39-41.

[44] 贾宝山,李艳红,曾文,等.定容体系中氮气影响瓦斯爆炸反应的动力学模拟[J].过程工程学报,2011,11(5)：812-816.

[45] 贾宝山,温海燕,梁运涛,等.煤矿巷道内 N_2 及 CO_2 抑制瓦斯爆炸的机理特性[J].煤炭学报,2013,38(3)：361-365.

[46] 罗振敏,康凯.CO_2抑制甲烷-空气链式爆炸微观机理的仿真分析[J].中国安全科学学报,2015,25(5):42-48.

[47] Acton M R,Sutton P,Mchens M J. Lessons for Cycle Safety Management[C]. Symposium Series NO. 122,ICHEME,Rugby UK,1990.

[48] Holborn P G. Modelling the mitigation of hydrogen deflagrations in a vented cylindrical rig with water fog and nitrogen dilution[J]. International journal of hydrogen energy,2013(38)：3471-3487.

[49] Holborn P G,Batters P,Ingram J M,et al. Modeling the mitigation of lean hydrogen deflagrations in a vented cylindrical rig with water fog[J]. International journal of hydrogen energy,2012(37)：15406-15422.

[50] Dahoe A E. Laminar burning velocities of hydrogen-air mixtures from closed vessel gas explosions[J]. Journal of Loss Prevention in the Process Industries,2005(18)：152-166.

［51］ Medvedev S P，Gel'fand B E，Polenov A N，et al. Flammability limits for hydrogen-air mixtures in the presence of ultra fine droplets of water（fog）［J］. Combust Explos Shock Waves，2002，38(4)：381-386.

［52］ 李润之，司荣军，薛少谦.煤矿瓦斯爆炸水幕抑爆系统研究［J］.煤炭技术，2010，29(3)：63-68.

［53］ 李永怀，蔡周全.φ700 mm 管道细水雾抑制瓦斯爆炸试验研究［J］.煤炭科学技术，2010，38(3):50-54.

［54］ 谢波，范宝春，夏自柱，等.大型通道中主动式水雾抑爆现象的实验研究［J］.爆炸与冲击，2003，23(2)：151-156.

［55］ 唐建军.细水雾抑制瓦斯爆炸实验与数值模拟研究［D］.西安:西安科技大学，2009.

［56］ 陈晓坤，林滢，罗振敏，等.水系抑制剂控制瓦斯爆炸的实验研究［J］.煤炭学报，2006，31(5):603-606.

［57］ 林滢.瓦斯爆炸水系抑制剂的实验研究［D］.西安:西安科技大学，2006.

［58］ 谷睿.超细水雾抑制甲烷爆炸的实验研究［D］.合肥:中国科学技术大学，2010.

［59］ 秦文茜.超细水雾抑制含障碍物甲烷爆炸的实验研究［D］.合肥:中国科学技术大学，2011.

［60］ 毕明树，张鹏鹏.细水雾抑制瓦斯爆炸的实验研究［J］.采矿与安全学报，2012，29(3)：440-443.

［61］ 高旭亮.超细水雾抑制甲烷爆炸实验与数值模拟［D］.大连:大连理工大学，2014.

［62］ 安安.细水雾抑制管道瓦斯爆炸的实验研究［D］.焦作:河南理工大学，2011.

［63］ 余明高，赵万里，安安.超细水雾作用下瓦斯火焰抑制特性研究［J］.采矿与安全工程学报，2011，28(3)：493-498.

［64］ 李振峰，王天政，安安，等.细水雾抑制煤尘与瓦斯爆炸实验［J］.西安科技大学学报，2011，31(6):698-702.

［65］ Xu Hongli，Wang Xishi，Gu Rui. Experimental Study on Methane-Coal Dust Mixture Explosion Mitigation by Ultra-Fine Water Mist［J］. Journal of Engineering for Gas Turbines and Power，2012，134(6)：61401-61407.

［66］ Hongli Xu，Yuan Li，Pei Zhu，et al. Experimental study on the mitigation via an ultra-fine water mist of methane/coal dust mixture explosions in the presence of obstacles［J］. Journal of Loss Prevention in the Process Industries，2013，26(4):815-820.

［67］ Sapko M J，Furno A L，Kuchta J M. Quenching methane-air ignitions with water spray［R］. Report of Investigations RI-8214(US Department of Interior)，1977.

［68］ Zalosh R G，Bajpai S N. Water fog inerting of hydrogen air mixtures［C］. New Mexico:Proc 2nd Int Conf on the Impact of Hydrogen on Water Reactor Safety，1982：709-715.

［69］ Thomas G O. On the Conditions Required for Explosion Mitigation by Water Sprays［J］. Process Safety and Environmental Protection，2000，78(5)：339-354.

［70］ Teresa Parra，Francisco Castro. Extinction of premixed methane-air flames by water mist［J］. Fire Safety Journal，2004，39(7):581-600.

[71] Adiga K C,Robert F Hatcher Jr,Ronald S Sheinson,et al. A computational and experimental study of ultra fine water mist as a total flooding agent[J]. Fire Safety Journal,2007,42(2)：150-160.

[72] Adiga K C,Heather D Willauer,Ramagopal Ananth,et al. Implications of droplet breakup and information of ultra fine mist in blast initiation[J]. Fire Safety Journal,2009,44(3)：363-369.

[73] 刘晅亚,陆守香,秦俊,等.水雾抑制气体爆炸火焰传播的实验研究[J].中国安全科学学报,2003,13(8):71-77.

[74] Kees van Wingerden,Brian Wilkins. The influence of water sprays on gas explosion. Part1:water spray generated turbulence[J]. Journal of Loss Prevention in the Process Industries,1985,8(20):54-58.

[75] Thomas G O. Influence of water sprays on explosion development in fuel-air mixtures[J]. Combust Science Technology,1991(80):47-55.

[76] Kees van Wingerden. Mitigation of gas explosions using water deluge[J]. Process Safety Progress,2000,19(3)：173-178.

[77] 余明高,安安,游浩.细水雾抑制管道瓦斯爆炸的实验研究[J].煤炭学报,2011,36(3)：417-422.

[78] Hao You,Minggao Yu,Ligang Zheng,et al. Study on suppression of the coal dust/methane/air mixture explosion in experimental tube by water mist[J]. Procedia Engineering,2011,(26):803-810.

[79] 李铮.瓦斯爆炸及细水雾抑制的实验研究[D].大连:大连理工大学,2011.

[80] Zhang P P,Zhou Y H,Cao X Y,et al. Enhancement effects of methane/air explosion caused by water spraying in a sealed vessel[J]. Journal of Loss Prevention in the Process Industries,2014,29(1)：313-318.

[81] Pengpeng Zhang,Yihui Zhou,Xingyan Cao,et al. Mitigation of methane/air explosion in a closed vessel by ultrafine water fog[J]. Safety Science,2014(62):1-7.

[82] Lentati A M,Chelliah H K. Physical. Thermal,and chemical effects of fine-water droplets in extinguishing counterflow diffusion flames[C]. The Combustion Institute,Twenty-Seventh Symposium(International) on Combustion,1998:2839-2846.

[83] Akira Yoshida,Toichiro Okawa,Wataru Ebina,et al. Experimental and numerical investigation of flame speed retardation by water mist[J]. Combustion and Flame,2015,162(5):1772-1777.

[84] 陆守香,何杰,于春红,等.水抑制瓦斯爆炸的机理研究[J].煤炭学报,1998,23(4)：417-421.

[85] 李成兵,吴国栋,周宁,等.$N_2/CO_2/H_2O$抑制甲烷燃烧数值分析[J].中国科学技术大学学报,2010,40(3)：288-293.

[86] 李成兵,吴国栋,经福谦.水蒸气抑制甲烷燃烧和爆炸实验研究与数值计算[J].中国安全科学学报,2009,19(1):118-124.

[87] 梁运涛,曾文.封闭空间瓦斯爆炸与抑制机理的反应动力学模拟[J].化工学报,2009,

60(7):1700-1705.

[88] Yuntao Liang,Wen Zeng. Numerical study of the effect of water addition on gas explosion[J]. Journal of Hazardous Materials,2010,174(1-3): 386-392.

[89] 余明高,安安.含添加剂细水雾抑制瓦斯爆炸有效性试验研究[J].安全与环境学报, 2011,11(4):194-153.

[90] 李定启,吴强,余明高.含添加剂细水雾降低瓦斯爆炸下限的实验研究[J].矿业安全与 环保,2009,36(2):1-4.

[91] Xingyan Cao,Jingjie Ren,Mingshu Bi,et al. Experimental research on methane/air explosion inhibition using ultrafine water mist containing additive[J]. Journal of Loss Prevention in the Process Industries,2016,43(5):352-360.

[92] Ingram J M,Averill A F,Battersby P,et al. Suppression of hydrogen/oxygen/nitrogen explosions by fine water mist containing sodium hydroxide additive[J]. International journal of hydrogen energy,2013,38(24):8002-8010.

[93] Ananth R,Willauer H D,Farley J P,et al. Effects of fine water mist on a confined blast[J]. Fire Technology,2012,46(3): 641-675.

[94] 梁栋林.感应荷电细水雾抑制管道瓦斯爆炸实验研究[D].焦作:河南理工大学,2015.

[95] Dupont L,Accorsi A. Explosion characteristics of synthesised biogas at various temperatures[J]. Journal of Hazardous Materials,2006,136(3):520-525.

[96] 杨永斌.矿用氮气-细水雾防灭火技术原理及特性[D].徐州:中国矿业大学,2011.

[97] Ingram J M,Averill A F,Battersby P N,et al. Suppression of hydrogen-oxygen-nitrogen explosions by fine water mist: part 1. Burning velocity[J]. International Journal of Hydrogen Energy,2012,37(24):19250-19257.

[98] Battersby P N,Averill A F,Ingram J M,et al. Suppression of hydrogen-oxygen-nitrogen explosions by fine water mist: part 2. Mitigation of vented deflagrations[J]. International journal of hydrogen energy,2012,37(24):19258-19267.

[99] 牛攀.双流体细水雾抑制管道瓦斯爆炸实验研究[D].焦作:河南理工大学,2015.

[100] Ibrahim S S,Masri A R. The effects of obstructions on overpressure resulting from premixed flame deflagration[J]. Journal of Loss Prevention in the Process Industries,2001(14):213-221.

[101] Adiga K C,Adiga R,Hatcher R F. Method and device for production,extraction and delivery of mist with ultra fine droplets[P]. US,6883724. 2005.

[102] 秦俊,廖光煊,王喜世,等.细水雾抑制火旋风的实验研究[J].自然灾害学报,2001 (11):60-65.

[103] Masri A R,Ibrahim S S,Cadwallader B J. Measurements and large eddy simulation of propagating premixed flames[J]. Experimental Thermal and Fluid Science,2006, 30(7): 687-702.

[104] Johansen C T,Ciccarelli G. Visualization of the unburned gas flow field ahead of an accelerating flame in an obstructed square channel[J]. Combustion and Flame,2009, 156(2): 405-416.

[105] 李晓冰. 自适应热金属码红外测量图像伪彩色编码方法[J]. 红外与激光,2012,42(6):659-662.

[106] 宁国祥,易新建. 红外焦平面阵列图像伪彩色编码和处理[J]. 红外技术,2002(2):57-59.

[107] 戴景民,金钊. 火焰温度测量技术研究[J]. 计量学报,2003,24(4):297-302.

[108] 徐立新,谢建斌,杨智伟,等. 微细热电偶的制作与时间常数标定方法[J]. 电子测量与仪器学报,2016,30(7):1023-1028.

[109] 周崇. 管道内预混可燃气体爆炸与抑爆的研究[D]. 大连:大连理工大学,2007.

[110] 谢波. 可燃系统中爆炸抑制过程的实验与理论研究[D]. 南京:南京理工大学,2003.

[111] Christophe Clanet,Geoffrey Searby. On the "tulip flame" phenomenon[J]. Combustion and Flame,1996(105):225-238.

[112] 温小萍. 瓦斯湍流爆燃火焰特性与多孔介质淬熄抑爆机理的研究[D]. 大连:大连理工大学,2014.

[113] Moen I O. Transition to detonation in fuel-air explosive clouds[J]. Journal of Hazardous Materials,1993(2):159-192.

[114] 张奇,白春华,梁慧敏. 燃烧与爆炸基础[M]. 北京:北京理工大学出版社,2007:82-100.

[115] 张英华,黄志安,高玉坤. 燃烧与爆炸学[M]. 北京:冶金工业出版社,2015:31-34.

[116] 陈先锋. 丙烷空气顶混火焰微观结构及加速传播过程中的动力学研究[D]. 合肥:中国科学技术大学,2007.

[117] Qiao L,Kim C H,Faeth G M. Suppression effects of diluents on laminar premixed hydrogen/oxygen/nitrogen flames Department of Aerospace Engineering[J]. Combustion and Flame,2005(143):79-96.

[118] 徐通模,惠世恩. 燃烧学[M]. 北京:机械工业出版社,2015:1-28.

[119] Marian Gieras. Flame acceleration due to water droplets action[J]. Journal of Loss Prevention in the Process Industries,2008,21(4):472-477.

[120] 陈吕义,宗若雯,李松阳,等. 超细水雾抑制受限空间轰燃有效性实验研究[J]. 中国科学技术大学学报,2009,39(7):777-781.

[121] 曹兴岩,任婧杰,周一卉,等. 超细水雾增强与抑制甲烷/空气爆炸的机理分析[J]. 煤炭学报,2016,41(7):1711-1719.

[122] Wenhua Yang,Robert J Kee. The effect of monodispersed water mists on the structure,burning velocity,and extinction behavior of freely propagating,stoichiometric, premixed methane-air flames[J]. Combustion and Flame,2002,130(4):322-335.

[123] 暴秀超,刘福水,孙作宇. 预混火焰胞状不稳定性研究[J]. 西华大学学报,2014,33(3):79-83.

[124] Ananth R,Willauer H D,Farley J P,et al. Effects of fine water mist on a confined blast[J]. Fire Technology,2012,46(3):641-675.

[125] 梁天水. 超细水雾灭火有效性的模拟实验研究[D]. 合肥:中国科学技术大学,2012.

[126] Ponizy B,Claverie A,Veyssière B. Tulip flame-the mechanism of flame front inver-

sion[J]. Combustion and Flame,2014,161(12)：3051-3062.

[127] Searby G. Acoustic instability in premixed flames[J]. Combustion Science and Technology,1992,81(4/5/6)：221-231.

[128] 郑立刚,吕先舒,郑凯,等.点火源位置对甲烷/空气爆燃超压特征的影响[J].化工学报,2015,66(7):2749-2756.

[129] Coffee T P. On simplified reaction-mechanisms by oxidation of hydrocarbon fuels in flames[J]. Combustion and Flame,1985(43)：33-39.

[130] 何悟,郑洪涛,蔡林,等.湍流燃烧模型在燃烧室数值计算中的对比分析[J].热科学与技术,2011,10(4):360-365.

[131] Launder B E,Spalding D B. Lectures in Mathematical Models of Turbulence[M]. London：Academic Press,1972.

[132] Hjertager L K,Hjertager B H,Solberg T. CFD modeling of fast chemical reactions in turbulent liquid flows[J]. Computers & Chemical Engineering,2002,25(4-5)：507-515.

[133] 李格升,梁俊杰,张尊华,等.掺氢对乙醇空气预混火焰不稳定性的影响[J].工程热物理学报,2014,35(4):787-791.

[134] 车得福,李会雄.多相流及其应用[M].西安:西安交通大学出版社,2007.

[135] 许存娥.鱼雷离心式喷嘴喷雾特性研究[D].西安:西北工业大学,2007.

[136] 彭忠璟.封闭矩形直管内天然气-空气预混火焰传播特性研究[D].合肥:中国科学技术大学,2016.

[137] Aung K T,Hassan M I,Faeth G M. Effects of pressure and nitrogen dilution on flame/stretch interactions of laminar premixed $H_2/O_2/N_2$ flames[J]. Combustion and Flame,1998(112)：1-15.

[138] Aung K T,Hassan M I,Faeth G M. Flame stretch interactions of laminar premixed hydrogen/air flames at normal temperature and pressure[J]. Combustion and Flame,1997(109)：1-24.

[139] Kwon O C,Faeth G M. Flame/stretch interactions of premixed hydrogen-fuelled flames：measurements and predictions[J]. Combustion and Flame, 2001(124)：590-610.

[140] Fushui Liu,Xiuchao Bao,Jiayi Gu,et al. Onset of cellular instabilities in spherically propagating hydrogen-air premixed laminar flames[J]. International Journal of Hydrogen Energy,2012(37)：11458-11465.

[141] 宋占兵,丁信伟,喻健良,等.扩散-热和气体动力学不稳定性对管道中预混火焰形状的影响[J].天然气工业,2004,24(4):97-100.

[142] 叶青,贾真真,林柏泉,等.管内瓦斯爆炸火焰加速机理分析[J].煤矿安全,2008,(1)：78-80.

[143] 张云明.可燃气体火焰传播与爆轰直接起爆特性研究[D].北京:北京理工大学,2015.

[144] 苗海燕,焦琦,黄佐华,等.稀释气对掺氢天然气层流预混燃烧火焰稳定性的影响[J].燃烧科学与技术,2010,16(3):220-224.

［145］张双.氢气和稀释气体对甲烷/空气预混层流火焰燃烧特性的影响研究［D］.重庆：重庆大学,2014.

［146］毕明树,杨国刚.气体和粉尘爆炸防治工程学［M］.北京：化学工业出版社,2012：45-87.

［147］Abhijit U Modak,Angel Abbud-Madrid,Jean-Pierre Delplanque,et al. The effect of mono-dispersed water mist on the suppression of laminar premixed hydrogen-,methane-,and propane-air flames［J］. Combustion and Flame,2006,144(1-2):103-111.